哈洛新知
Hello Knowledge

知识就是力量

牛 津 科 普 系 列

基因组学与个性化医疗

[美]迈克尔·斯奈德/著
张强锋/译

華中科技大學出版社
http://www.hustp.com
中国·武汉

湖北省版权局著作权合同登记　图字：17-2021-113 号

图书在版编目（CIP）数据

基因组学与个性化医疗 /（美）迈克尔·斯奈德（Michael Snyder）著；张强锋译 . —武汉：华中科技大学出版社，2022. 11
（牛津科普系列）
ISBN 978-7-5680-8238-9

Ⅰ. ①基… Ⅱ. ①迈… ②张… Ⅲ. ①人类基因—基因组—研究 ②基因疗法—研究 Ⅳ. ① Q343.2 ② R456

中国版本图书馆 CIP 数据核字（2022）第 161142 号

基因组学与个性化医疗　　[美] 迈克尔·斯奈德　著
Jiyinzuxue yu Gexinghua Yiliao　　张强锋　译

策划编辑：杨玉斌
责任编辑：杨玉斌　车　巍　　装帧设计：陈　露
责任校对：曾　婷　　责任监印：朱　玢

出版发行：华中科技大学出版社（中国·武汉）　电话：（027）81321913
武汉市东湖新技术开发区华工科技园　邮编：430223

录　排：华中科技大学惠友文印中心
印　刷：湖北金港彩印有限公司
开　本：880 mm × 1230 mm　1/32
印　张：7.5
字　数：123 千字
版　次：2022 年 11 月第 1 版第 1 次印刷
定　价：78.00 元

总序

欲厦之高，必牢其基础。一个国家，如果全民科学素质不高，不可能成为一个科技强国。提高我国全民科学素质，是实现中华民族伟大复兴的中国梦的客观需要。长期以来，我一直倡导培养年轻人的科学人文精神，就是提倡既要注重年轻人正确的价值观和思想的塑造，又要培养年轻人对自然的探索精神，使他们成为既懂人文、富于人文精神，又懂科技、具有科技能力和科学精神的人，从而做到“物格而后知至，知至而后意诚，意诚而后心正，心正而后身修，身修而后家齐，家齐而后国治，国治而后天下平”。

科学普及是提高全民科学素质的一个重要方式。习近平总书记提出：“科技创新、科学普及是实现创新发展的两翼，要把科学普及放在与科技创新同等重要的位置。"这一讲话历史性地将科学普及提高到了国家科技强国战略的高度,充分地显示了科普工作的重要地位和意义。华中科技大学出版社组织翻译出版"牛津科普系列",引进国外优秀的科普作品,这是一件非常有意义的工作。所以,当他们邀请我为这套书作序时,我欣然同意。

人类社会目前正面临许多的困难和危机,这其中许多问题和危机的解决,有赖于人类的共同努力,尤其是科学技术的发展。而科学技术的发展不仅仅是科研人员的事情,也与公众密切相关。大量的事实表明,如果公众对科学探索、技术创新了解不深入,甚至有误解,最终会影响科学自身的发展。科普是连接科学和公众的桥梁。"牛津科普系列"着眼于全球现实问题,多方位、多角度地聚焦全人类的生存与发展,探讨现代社会公众普遍关注的社会公共议题、前沿问题、切身问题,选题新颖,时代感强,内容先进,相信读者一定会喜欢。

科普是一种创造性的活动,也是一门艺术。科技发展日新月异,科技名词不断涌现,新一轮科技革命和产业变革方兴未艾,如何用通俗易懂的语言、生动形象的比喻,引人入胜地向公众讲述枯燥抽象的原理和专业深奥的知识，从而激发读者对科学的兴趣和探索，理解科技知识，掌握科学方法，领会科学思想，培养科学精神，需要创造性的思维、艺术性的表达。“牛津科普系列”主要采用“一问一答”的编写方式，分专题先介绍有关的基本概念、基本知识，然后解答公众所关心的问题，内容通俗易懂、简明扼要。正所谓“善学者必善问”，“一问一答”可以较好地触动读者的好奇心，引起他们求知的兴趣，产生共鸣，我以为这套书很好地抓住了科普的本质，令人称道。

王国维曾就诗词创作写道：“诗人对宇宙人生，须入乎其内，又须出乎其外。入乎其内，故能写之。出乎其外，故能观之。入乎其内，故有生气。出乎其外，故有高致。”科普的创作也是如此。科学分工越来越细，必定“隔行如隔山”，要将深奥的专业知识转化为通俗易懂的内容，专家最有资格，而且能保证作品的质量。“牛津科普系列”的作者都是该领域的一流专家，包括诺贝尔奖获得者、一些发达国家的国家科学院院士等，译者也都是我国各领域的专家、大学教授，这套书可谓是名副其实的“大家小书”。这也从另一个方面反映出出版社的编辑们对“牛津科普系列”进行了尽心组织、精心策划、匠心打造。

我期待这套书能够成为科普图书百花园中一道亮丽的风景线。

是为序。

杨叔子

（总序作者系中国科学院院士、华中科技大学原校长）

推荐序

当今,大数据、人工智能在各行各业都已显现出其重要性,医疗领域也迎来了大数据时代。随着科学家对人类遗传密码的破译,一个具有颠覆意义的精准医学时代正悄然到来。遗传密码破译以后出现了一个词,叫转化医学。转化医学就是希望把生命科学发现的遗传密码中的信息转化、应用到医学中来。进而,结合每个个体不同的遗传密码,针对每个个体施加不同的治疗,也就出现了个性化医疗。面对疾病,人们不再被动,而是可以主动出击进行个性化预防,精准医学为医学诊断治疗和健康保障带来了创新机遇。《基因组学与个性化医疗》一书的出版就非常契合当前的时代背景,所以当张强锋邀请我为本书作序时,我欣然同意了。

本书作者迈克尔·斯奈德(Michael Snyder)是斯坦福大学

基因组学与个性化医疗中心主任，是将大数据带入医学领域的先驱。本书译者张强锋是清华大学生命科学学院教授，清华大学-北京大学生命科学联合中心研究员，曾经接受过斯奈德教授的直接指导，也是一位非常优秀的青年研究者。本书不仅是一本为大众所撰写的优秀的科普书，同时也是严谨出色的学术作品。

在这里，我想分享的一个故事是：迈克尔·斯奈德曾经领导完成了一项历时两年半的跟踪实验。他定期做抽血检查，跟踪监测细胞内的4万余种不同的分子的变化情况：从激素到血糖，再到免疫系统蛋白和DNA，无所不包。他也见证了遗传学上易患糖尿病的自己，不久之后真的罹患此病。在这项研究中，迈克尔·斯奈德对自己的基因组进行了测序。DNA检测表明，他罹患2型糖尿病的风险很高。虽然他的医生没有发现他正处于病情发展期的任何表征，他的自检还是查出了早期迹象。不久，他就患上了糖尿病。在确诊后，迈克尔·斯奈德调节了饮食，加大了运动量进行减肥，控制住了病情。众多案例表明，有了遗传密码这些基因组学大数据以后，我们在应对某些严重疾病方面增加了更多的信心。精准医学之所以能够引起人们的重视，正是因为它增加了前所未有的信息，包括基因组、转录组、蛋白组、代谢组、表观遗传组等。

众所周知，目前的医疗体系面对的是患者，医生主要是对患者进行治疗。但在未来，随着精准医学的发展、基因组学大数据的介入，在一个人还没有患病的时候，我们就可以测得其基因组学数据，进而深入分析，对其未来健康发展的危险因素做出评估，并根据评估进行适当干预。这样，就可能把整个医疗健康体系的关口前移。

科技兴则民族兴，科技强则国家强。习近平主席强调，科技创新、科学普及是实现创新发展的两翼，要把科学普及放在与科技创新同等重要的位置。改革开放四十多年来，中国科技发展迅速、硕果累累，科普已不再是简单地传递、讲授和普及科学基础知识。如果我们能够把最新的科学思想、科学方法，还有理性思维进行最大限度的传播和普及，效果就会更好，意义也更为深远。

因此，我认为这是一本具备时代性和科学性的优秀科普读物，希望它能够获得大众读者的喜爱。

陈润生

（中国科学院院士、中科院生物物理研究所研究员）

译者序

“If I have to choose, I choose both.”[①]听了我的回答，Mike[②]哈哈大笑。就这样，我在斯坦福大学有了两位导师，Howard Chang[③]和Mike。但令我痛苦的是，两位导师并没有像我期望的一样，找一个联合的课题给我。他们各自给我的课题完全独立，Howard让我研究RNA（核糖核酸）结构，Mike让我学习个性化医学。那是一段很辛苦的科研经历，每天唯一的放松时刻是在CCSR[④]二楼的小休息室享用午餐的时候。我们一群中国留学生每天中午都会占据这里，一起吃饭，高谈

---

① 如果我必须选择，我两个都选。

② 译者序中的Mike指本书作者Michael Snyder（迈克尔·斯奈德）。

③ Howard Chang（张元豪）教授，美国斯坦福大学医学院教授，2020年当选为美国国家科学院院士。

④ CCSR全称为Center for Clinical Sciences Research，斯坦福大学医学院临床研究中心。

阔论。其中最活跃的是昆和硕哥。科幻是我们最爱谈论的话题，从未来人类的基因改造到是否可以长生不老、青春永驻，从脑机接口到人工智能的觉醒，从宇宙的目的是不是计算到意识是不是一个伪命题，等等。我印象深刻的是硕哥的一个评论：人们总是过低估计计算技术的发展，而过高期望生命技术的发展。

当我翻译完本书时，脑海中首先浮现出的就是硕哥的这个评论。从 Mike 写这本小书到现在，时间已经过去了 6 年。从我第一次接触个性化医学或者后面的精准医学，时间过去了更久。我们看到了这个领域的巨大进步。但我们也看到了每一步都走得不容易；每一天过去，我们都更清楚地意识到现实离 Mike 在书里面给我们描绘的美好未来有多么遥远。基因测序技术飞速发展，让我们发现了那么多的基因变异，但它们和疾病的关联除了极少数外，目前都无法破解；基因调控有那么多的方式和层次，基因之间互相影响，简直每一个基因都和每一种复杂疾病有关；每一种干预手段都难以“精准”，更别说癌症（还有病毒感染）这样的疾病一直都在变异，“逃避”干预手段。

但这多有意思啊！爱因斯坦不是说过“宇宙的永恒之谜在于其可理解性”么？生命系统的复杂程度是可畏的，但我坚信，生命系统最终是可以被理解，也是可以被控制的。这一天也许会在遥远的未来，甚至不是在人类的手中完成。但文明薪火相传，所有科技工作者的点滴努力都不会白费。期待这中间，既有 Mike，也有你我的贡献。

又及，2016 年 Mike 访问清华大学，提到想让我把这本书翻译介绍给国内读者。我当然责无旁贷。不过我以前没有在中文语境下接受过生命科学的系统学习，也不擅长翻译，译本术语错误、诘屈聱牙之处想必很多，期待读者指正(我的电子邮箱是 qczhang@tsinghua. edu. cn)。翻译过程中，车皓阳、肖夏等多位朋友，还有华中科技大学出版社的杨玉斌编辑相助甚多，这里一并谢过。

张强锋

2022 年 9 月

致谢

感谢克里斯蒂娜·科斯蒂根(Christine Costigan)等人对本书的帮助,感谢实验室人员所贡献的诸多精彩创意。本研究项目由美国国家卫生研究院(National Institutes of Health, NIH)提供支持。

引言

请想象一个这样的世界，我们可以将年龄、生活方式和基因信息（基因组）输入某一款应用程序（APP），然后就可以获得我们应该吃什么和避免吃什么，以及应该做出何种改变的个性化建议，这些建议能帮助我们保持身体的健康状态。此外，在我们生病的时候，医生会根据我们的相关信息来制订个性化治疗计划。这不是 50 年后的未来世界，这已经逐步成为我们的生活现实。本书将揭示什么是个性化医疗（有时被称为精准医疗或者个体化医疗），它的基本组成要素是什么，它在我们健康和生病的时候会怎样影响我们，以及它将如何基于我们的 DNA（脱氧核糖核酸）和其他信息得以落地实施。

目录

1　个性化医疗

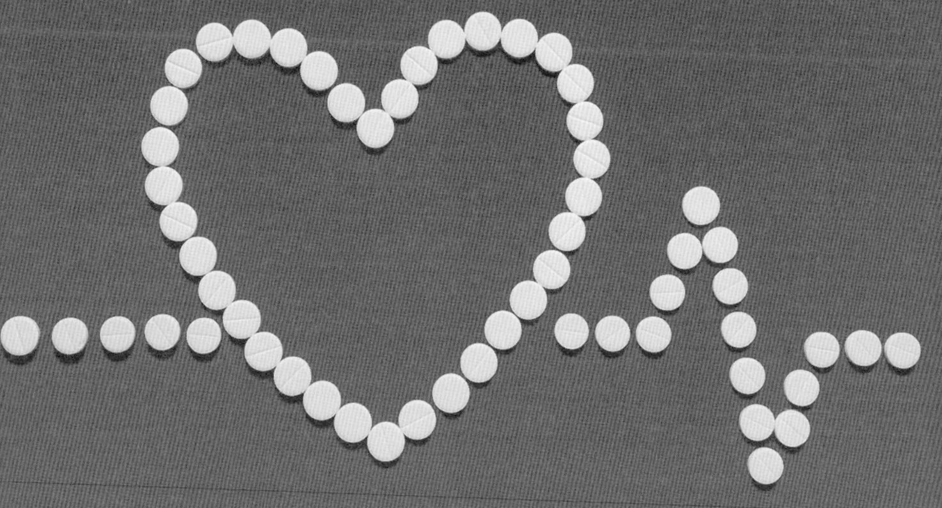

什么是个性化医疗?

医学实践活动从来都是围绕个体开展的。医生使用患者的大量个人信息,包括病历、体检数据、生命体征、家族史、实验室测量值和影像检查结果等,来确定患者罹患某些疾病的风险并实施诊断。是什么让医学变得如此个性化呢?答案是我们已经进入了一个前所未有的时代。你可能听说过"大数据"及其对诸多行业业务运营转型的影响。同样,医学也正在步入大数据时代。

现在,我们已经可以做到对人们的整个DNA序列(基因组)进行解码,测量人体内数以万亿计的生物分子,使用传感器持续跟踪生理特征和活动状况,以及描绘生活在肠道和身体其他部位的微生物群落的特征信息。这些全面的测量可以提供有关身体是否健康的详细信息,但是,就像其他任何大数据一样,这些信息同样也需要被整合和加以解读。希望这些信息最终不仅能给出总体的结果,还能基于他人的经验,指导我们更好地进行健康管理。这些信息除了可以帮助我们在一生中确定要获得何种医疗保健等细节之外,还可以给我们生活的许多方面提供指导,包括食物的选择、生活方式的选择，甚至可能是工作选择等。

为实现这个目标，我们面临着许多挑战。有些基因组信息我们知道该如何解读，而有些我们并不知道；更有一些信息我们本以为是正确的，但在将来可能会被证明是不正确的。此外，一些人担心，尽管有许多针对基因歧视的法律条款，但是保险公司、雇主或其他人还是可能会歧视那些携带某些遗传标记的人。除此之外，还有隐私问题，因为我们几乎不可能确保基因组信息能得到百分之百的保密。有些人担心基因组信息可能会被不恰当地应用于社会领域，例如，将基因组信息作为选择配偶的参考标准从而影响我们的配偶选择，或者鼓励我们的孩子和谁结婚等。最后，也许是最重要的一点，就是如何支付基因组的测序和解读费用。医疗保健系统往往是在人们患上某种疾病后才向他们提供服务，在美国尤为如此。传统上讲，疾病预防一直是较少被关注的问题，改变这种模式需要我们在文化上做出改变。

影响我们健康的个人因素有哪些?

要理解个性化医疗，首先要了解对我们的健康有影响的因素(如图 1.1 所示)。一般来说,我们的健康是由我们的 DNA、我们的生活方式和我们所接触的东西,也就是我们的环境所决定的。我们的 DNA 是从父母那里继承的。我们的生活方式体现在我们的行为上,例如,我们的运动量是多少,我们是否吸烟,我们选择什么食物,等等。大多数人都知道,环境因素(如我们呼吸的空气质量)、来自太阳的紫外线,以及存在于家庭用品中的某些化学物质等,这些都会影响我们的健康。然而,重要的环境暴露远不止这些。

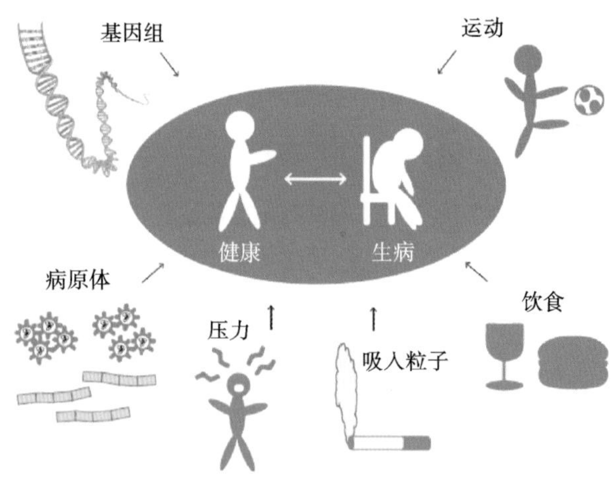

图 1.1 我们的健康受到许多因素的影响:我们的 DNA,我们所接触的各种东西,以及运动等。

病原体,如病毒和细菌,在短期内可能会使我们生病,从长远来看,也可能增加我们罹患某些慢性疾病的风险。生活压力和自然衰老过程也会影响健康。子宫内的状况会影响胎儿的发育,以及胎儿出生后的健康状况。在许多情况下,对于环境因素是如何影响健康这一点,我们的理解是不完整的,然而,这些信息对于我们理解如何进行健康管理至关重要。

2 基因组基础知识

我们去看病的时候,通常会被要求填写一份关于家族史的问卷,包括父母、兄弟姐妹或孩子所患过的重大疾病,如癌症和心脏病。这是一种衡量疾病遗传风险的粗略方法。然而,所有这些以及更多的遗传信息都储存于我们的基因组中。目前这场医学上正在进行的革命是通过对基因组进行解码和解读,进而在个性化的基础上预测、预防和治疗疾病。

DNA 是什么?

我们的 DNA 像是一本指导我们从单个细胞发展成为具有许多不同细胞类型的复杂个体的手册。每个人从一开始都是单细胞,由一个精子和一个卵子融合而成。从这个单细胞开始,我们成长为一个由几十万亿个细胞组成的人。这些细胞有几百种不同的类型,每个类型具有不同的功能。例如,我们的肠道细胞帮助我们从食物中吸收营养,我们的皮肤细胞保护我们免受环境的伤害,我们的视网膜细胞处理光以使我们能够看到世界,我们大脑里的神经元细胞帮助我们思考和交流。DNA 中的信息帮助和指导人类个体的所有细胞的发育和功能构成。

DNA 是由 4 种成分——4 种核苷酸碱基——所组成的聚合物(如图 2.1 所示)。核苷酸碱基包括腺嘌呤(A)、胞嘧啶

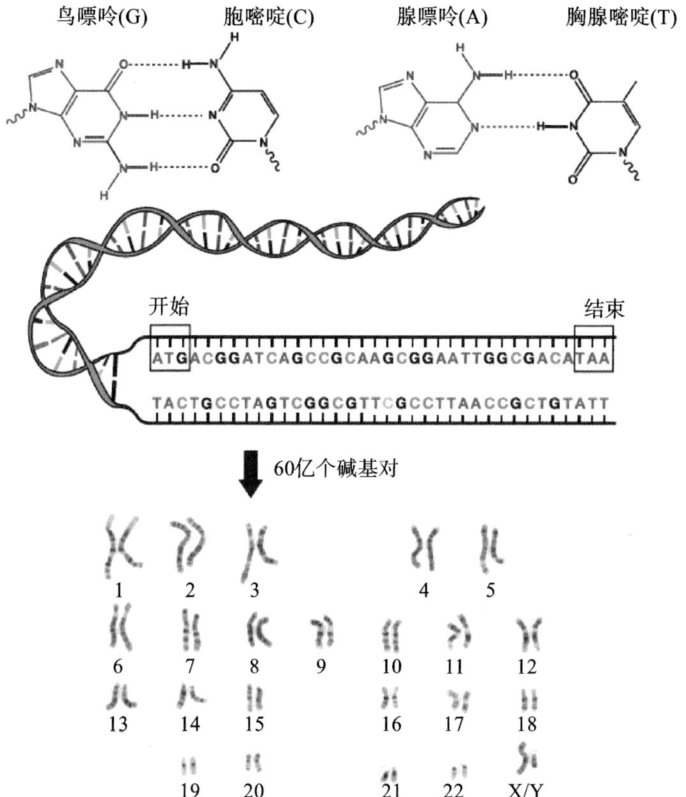

图 2.1 我们的 DNA 由 4 个“字母”(顶部)按特定的顺序排列(中间)组成。碱基是成对的(中间),60 亿个碱基对被包装成 46 条染色体(底部),其中 23 条来自父亲,23 条来自母亲。

图片来源:美国国家癌症研究所(National Cancer Institute,NCI)。

(C)、鸟嘌呤(G)和胸腺嘧啶(T)。DNA 编码的指令是由这些碱基出现的顺序决定的(就像本书中的信息是由字和词组的出现顺序决定的一样)。

DNA 是双链的,扭曲成螺旋状,因此通常称为"双螺旋结构"。DNA 一条链上的碱基序列与另一条链上的碱基序列是互补的。这种构成是因为这两条链上的碱基是成对的:A 对应 T,C 对应 G。

基因组是什么?

人体每一个细胞中有 60 亿个 DNA 碱基对,这些 DNA 碱基对的集合就是基因组。在细胞分裂过程中,1 个细胞分裂成 2 个新细胞,基因组 DNA 被复制,使两个新细胞中的每一个都包含整个基因组。基因组是非常长的,如果从一端到另一端展开的话会有约 2 米长,它们被紧密地包裹在一个细胞里面。基因组包含 46 条染色体,其中 23 条来自母亲,23 条来自父亲(如图 2.1 所示)。卵子和精子不包含整个基因组,它们均只包含基因组的一半,即 23 条染色体。

我们的基因组包含大约 2 万个编码蛋白质的基因。蛋白质是执行人类多种生物功能的分子，换句话说，它在我们的细胞中完成大量的工作（如图 2.2 所示）。这些工作包括消化食物、储存能量或复制 DNA 以产生新细胞。在大多数情形下，身体中每一种不同类型的细胞都包含相同的 46 条染色体，通常具有相同的 DNA。不同的活跃基因可以产生相应的不同蛋白质，每个细胞根据其所表达的不同蛋白质可以分为不同类型。例如，我们的免疫细胞制造被称为抗体的蛋白质，它与病

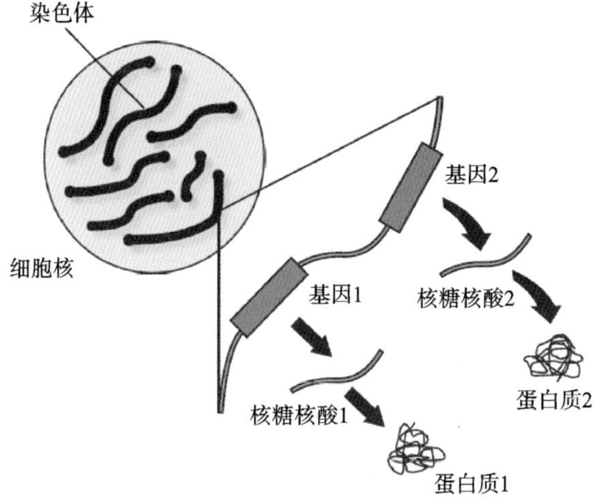

图 2.2　我们的 DNA 编码了约 2 万个基因，这些基因制造的蛋白质在我们体内不同类型的细胞中执行着许多不同的生化活动，这些蛋白质不是由 DNA 直接制造出来的。相反，我们的 DNA 制造了 RNA，接下来 RNA“翻译”合成蛋白质。不同细胞类型表达了不同的蛋白质，从而赋予不同细胞独一无二的属性。

原体结合并帮助清除病原体；视网膜细胞制造捕捉光线并帮助观察的蛋白质；而我们胰腺中的β细胞制造胰岛素，调节整个身体的细胞对葡萄糖的吸收。哪些蛋白质会被表达以及在不同的细胞类型中表达多少的整体调控指令，都储存在DNA之中。

蛋白质不是直接由基因产生的，而是通过一种被称为信使RNA的DNA副本指导合成的；这类RNA的合成是基因合成蛋白质的中间步骤。除了编码蛋白质的基因外，可能还有2万个或更多的基因编码其他类型的RNA，这些RNA不会合成蛋白质。在这些RNA中，大多数RNA的功能尚不清楚；而一些具有已知功能的RNA看起来可以在打开和关闭其他基因方面发挥调节作用。

4万个编码蛋白质和RNA的基因占我们基因组的2%～3%。其他可能还有10%或更多的基因组帮助控制基因在不同的细胞类型中的表达(即打开或关闭它们)。除此之外，绝大部分基因组的功能我们尚不清楚，或者也有可能它们没有任何直接功能。

基因组是做什么的？

我们的基因组是对我们呈现出来的许多生物性状负责的唯一因素。这些性状包括身体特征，如眼睛和头发的颜色以及耳垂的形状等。我们的基因组也会影响个体行为和复杂疾病，如抑郁症、自闭症和精神分裂症。基因组还影响我们与环境相互作用的关系，从我们对空气污染的敏感程度到我们对摄入酒精的反应，以及我们从特定食物中获得营养的程度等。例如，世界上一部分成人不能消化牛奶，这是因为他们体内编码消化牛奶的关键蛋白质（乳糖酶）的基因在断奶后被关闭。其他人的乳糖酶基因没有关闭，因此在他们的一生中，他们通常都能消化牛奶。另外，我们的基因组还会影响我们对特定疾病的易感性。

由于乳糖酶不足而引起的乳糖不耐受的例子是单个基因变异引起的性状（单基因性状）。许多性状是多基因的，也就是说，它们是由许多基因产物的相互作用决定的。确定单基因性状的遗传原因相对容易，而确定多基因性状的遗传原因则相对复杂。而且，许多性状不仅受个体基因组的影响，还受个体所处环境的影响。也就是说,性状可能既有遗传成分,也有环境成分。

一个人的基因组和另一个人的基因组有什么不同?

人们因不同类型的 DNA 序列变化或“变异”而彼此不同,如图 2.3(a)和图 2.3(b)所示。这些变异中有 380 万个到 400 万个,或者说每 1200 个碱基中就有一个是单字母或碱基发生了变化(称为单核苷酸变异,或 SNV)。还有 50 万个至 85 万个小的插入和缺失,每一个影响 1 到 100 个碱基对(称为“插入缺失标记”)。

最后,还有数千个较大的插入、缺失、倒位和其他类型的染色体重排,其中一些涉及多达几十万个碱基,这些被称为结构变异。虽然结构变异在数量上比单核苷酸变异少,但它们影响着许多碱基,是个体间遗传多样性的重要贡献者。

有许多变异出现在编码蛋白质的基因中。然而,各种证据表明,使人与人不同的大多数差异,实际上发生在调控基因表达的序列中,而不是实际的蛋白质编码序列中。这些变异导致了个体之间在身体、个性和疾病易感性等特征上的差异。

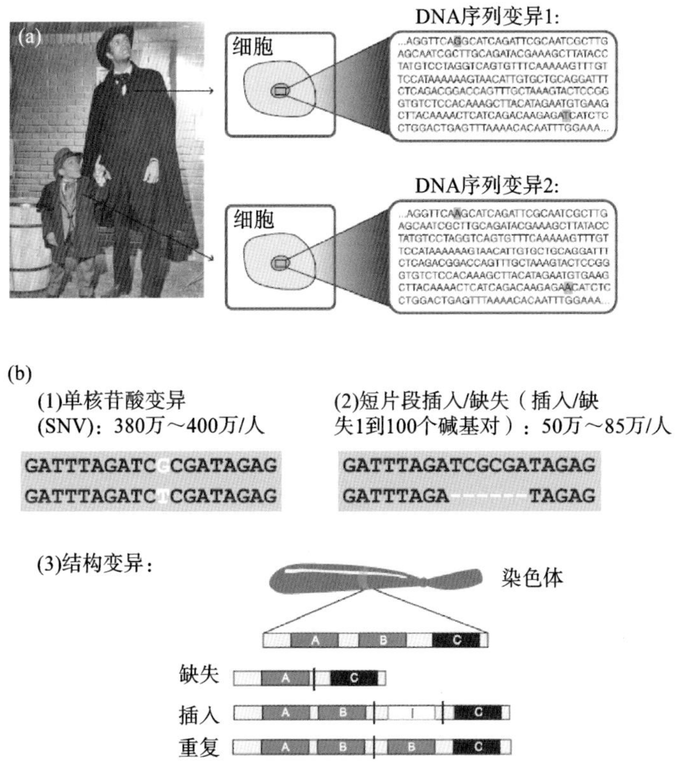

图 2.3 (a)DNA 中被称为“变异”的变化使我们在遗传上彼此不同。这些差异导致产生不同的 RNA 和蛋白质，并使得我们每个人独一无二。(请注意，图中的 DNA 序列是假设而不是真实的，与所示的个体不对应。)(b)人与人之间的遗传变异有三种类型：(1)单核苷酸变异；(2)短片段插入/缺失；(3)更大和更复杂的重排，被称为结构变异，这些结构变异可以是缺失、插入、重复和倒位等。

图片来源:美国国家人类基因组研究所(National Human Genome Research Institute, NHGRI)。

看到基因组之间的各种变异,你可能会有疑问,为什么个体之间没有更大的差异,也没有更多的个体受到遗传病的折磨。在 DNA 水平上,两个无关个体之间的平均差异被认为大约是 0.1%。在多达 60 亿个碱基对的基因组中,这个比例对应着大量的 DNA。然而,并非所有 DNA 序列的差异都和功能相关。变异可能发生在基因组中不包含基因、没有任何关键功能的区域。即使变异发生在编码蛋白质的基因区域,它也不一定会影响该基因的表达和所合成的蛋白质。由于个体继承了来自父母双方的 DNA,对许多基因来说有一个替补的系统——如果来自母亲的基因包含有害的变异,而从父亲那里继承的相应基因功能完全正常,它可能就不会产生明显的后果。这种替补的系统可能并不适用于所有情况。例如,如果带有有害变异的基因产物实际上干扰了正常基因的活动,或者如果需要母本和父本基因同时适当表达,才能获得足够的基因产物以实现正常功能,这时母本或者父本基因中一个拷贝的变异都会对基因正常功能造成影响。如果一种变异具有重大不利影响,它可能会严重干扰发育,导致胎儿死亡,因此,该变异在活着的人类群体中是找不到的。

男性和女性的基因组有什么不同?

我们都有 22 对常规染色体,叫作常染色体,还有两条特殊的染色体,叫作性染色体,分别为 X 染色体和 Y 染色体。女性有两条 X 染色体,男性有一条 X 染色体和一条 Y 染色体。Y 染色体是所有染色体中最小的,含有数量有限的基因,其中许多基因与男性的性发育有关。

许多只影响男性的疾病与 X 染色体上的基因变异有关。由于男性只有一条 X 染色体,导致 X 染色体上某一基因功能障碍或功能丧失的变异在男性中比在女性中更容易出现。例如,患有红绿色盲的男性数量至少是女性的 15 倍,这是由 X 染色体上的两个感光色素基因的变异(突变)所致。女性有两条 X 染色体,因此至少有一个感光色素基因的拷贝功能正常的可能性会更大。其他主要在男性中出现的 X 染色体关联疾病包括血友病和某些形式的肌营养不良等。

有趣的是,在整个自然界,尽管雌性生物都携带两条 X 染色体,但在任何一个细胞中,都有一条 X 染色体是失活的,因此,该染色体上的基因表达能力大大降低。X 染色体失活被认为是为了防止 X 染色体上的基因积累过量的具有潜在毒性的产物。由于 X 染色体失活,雌性生物是遗传嵌合体,这一术语用来描述同一生物体内遗传性状不同的细胞群体。一个与 X 染色体失活有关的雌性遗传嵌合体的典型例子是玳瑁猫斑驳的毛色。它们斑驳的毛色图案反映了与 X 染色体关联的不同毛色基因在两条不同 X 染色体上的不同表达产物。由于 X 染色体的随机失活,玳瑁猫的毛色常表现为橙、黑相间。

基因组是如何解码的?

我们在 2001 年完成第一个完整的人类基因组序列草图,在 2003 年完成了更完整的版本。该项目花费了十多年的时间,约有 2000 名研究人员参与,耗资 5 亿至 10 亿美元。这个人类基因组序列综合了来自几个不同人类个体的 DNA,因此不能代表单个个体的基因组。

我们在确定基因组序列时主要使用的技术是对长度约为 1000 个碱基的短片段进行解码,并根据片段重叠的信息,通过计算机将这些短片段("测序片段")组装成较长的连续序列。基于先前开发的基因组粗略图谱,再将这些长约 15 万个碱基对的连续序列绘制出来，并组装成整个基因组序列。最后的基因组序列被称为“参考基因组”，大约有 30 亿个碱基对，包括 22 对常染色体，以及 X 染色体和 Y 染色体。参考基因组序列中仍然存在一些空白，这些空白包括那些难以使用当前技术进行测序的基因组区域，以及人与人之间存在着的巨大差异。

利用目前的技术，现在我们可以在几天内对一个人的基因组完成测序。目前的方法是同时对数百万个、通常长度为 100～150 个碱基的短片段进行测序［如图 2.4(a)和图 2.4(b)所示］。片段序列被映射到参考基因组，与参考基因组不同的基因变异会被识别出来。该方法的误差率约为 1%。因此，为确保准确性，每个碱基通常会被平均测序 30 次(即“测序深度”为 30 倍)。此方法对单碱基变异、短插入和缺失等的识别效果很好。然而，较大的结构变异(长插入、缺失和倒位等)却很难确定，需要用专门设计的计算机算法来查找(如图 2.5 所示)。最终结果是，某个人的基因组序列被定义为相对于参考序列的变异；那些与人类疾病相关的基因中的变异会被仔细检查，用以评估它们是否可能导致疾病。

值得注意的是，相对于参考序列，任何给定基因的一个或两个拷贝(即来自父母双方的基因)都可能包含一个变异或多

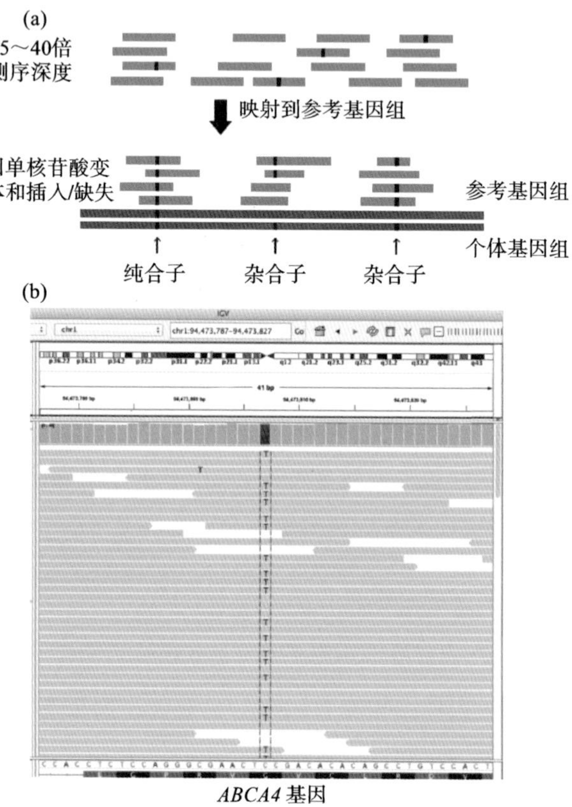

图 2.4 (a)破译基因组序列。某个人的基因组 DNA 被分解成短片段，并从片段末端开始测定序列(通常为 100～150 个核苷酸)。序列被映射到参考基因组上，并确定基因变异(深红色条)。(b)这是 *ABCA4* 基因变异的一个例子，该基因与视网膜功能有关。该基因两个拷贝的同时突变可能导致视网膜疾病。浅红色条表示与图底部显示的参考序列相同的序列。序列中的差异在浅红色条上显示为字母。这个个体大约有一半的测序片段在编码序列中含有 T 而不是 C，因此是杂合的，也就是说，一个基因拷贝与参考序列相匹配，但另一个发生了变异。

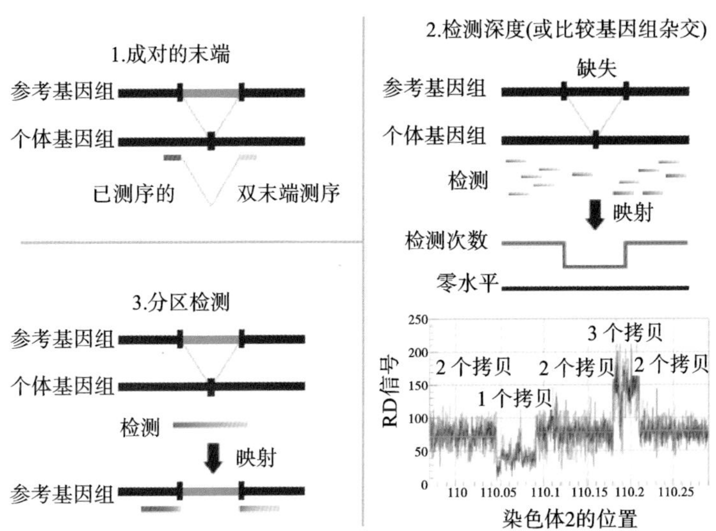

图 2.5 用于鉴定结构变异的一些不同算法。(1)通过将已知长度片段末端的序列与参考基因组进行比较，可以推断在测序区域中是否存在缺失、插入或倒位等现象。(2)通过简单计算映射到基因组区间独立序列的数目，可以推断出该区间是否包含正常数目的基因组拷贝，或者拷贝数过少(即一个或多个拷贝的缺失)或过多。如图所示，一个包含缺失拷贝(左边的低陷的信号区间)和额外拷贝(右边的信号增加的区间)的例子。(3)在参考基因组中正常分开，但在个体基因组中并列的两段序列，表明该个体的 DNA 存在缺失。

个不同变异。基因定相是将基因变异映射到同一条或者两条染色体上的过程。如果两个变异体同时出现在同一条染色体上，它们就是“同相”。基因定相对于预测给定基因变异的功能结果很重要(如图 2.6 所示)。例如，如果测序显示某个人存在两个有害变异，并且这两个变异会影响对味觉有重要作用的基

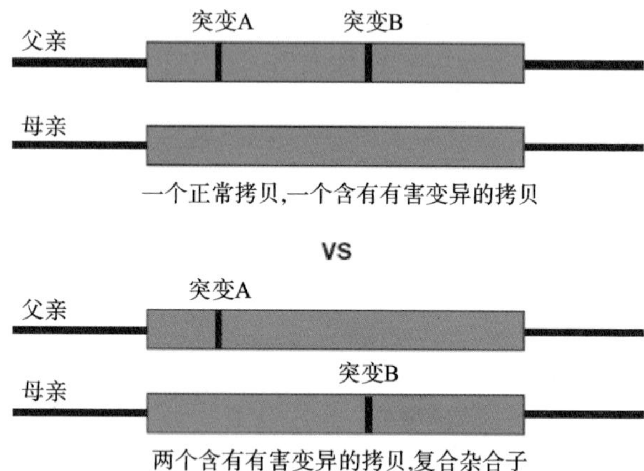

图 2.6 基因定相的重要性。如果两个有害的变异存在于同一个基因拷贝上，而另一个基因拷贝中没有，则有一个正常的拷贝存在。然而，如果两个基因拷贝都带有同一个有害变异，那么两个拷贝都是失活的，这可能导致疾病。当突变不同时，这种情况被称为“复合杂合子”。因此，重要的是不仅要识别变异，而且要知道它们之间的相对位置。

因,通过定相得知这两个有害变异在同一条染色体上(在一个基因的同一拷贝中),而另一条染色体上的基因拷贝不受影响,可以产生正常的基因产物来消除有害变异基因的影响,那么这个人的味觉将是正常的。相反,如果这两个有害的变异发生在基因的不同拷贝中(即父母双方的基因都受到影响),就不会产生正常的基因,这个人的味觉就会受到影响。

到目前为止,已经有许多基因组被测序。一个名为“千人基因组计划”(1000 Genomes Project)的大型项目已经测定了来自世界各地的背景差异很大的1000多人的基因组序列。这项工作的成果之一是将人类发现的许多常见变异进行了分类。超过5000万个基因变异被鉴定。此外,1000多名健康的人的基因组被测序,其中包括许多对个性化医疗和基因组学的潜力有强烈兴趣的人,他们经常投入个人的资源来测定自己的基因组序列,这其中包括奥兹·奥斯朋(Ozzy Osbourne)、格伦·克洛斯(Glenn Close)等名人。此外,成千上万患有癌症或不明原因疾病的人的基因组也已经被测序。

有一些替代全基因组测序的方法可以确定基因组特定目标区域的DNA序列。例如,外显子组测序的目的是确定基因组中蛋白质编码区的序列(如图2.7和图2.8所示)。外显子

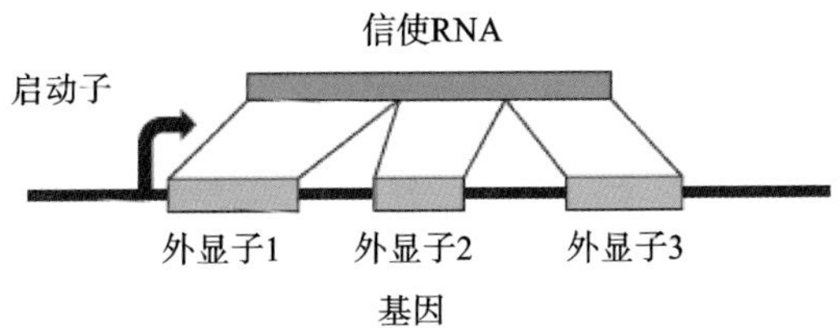

图2.7 基因可以被分成若干部分,只有一部分在最终成熟的RNA中表现出来。编码成熟RNA的部分称为外显子,中间的非编码区(在最后的成熟RNA中被移除或“剪接”出来)称为内含子。外显子组是指基因组中由成熟RNA所代表的部分。目前,外显子是基因组中最容易被解读的部分。

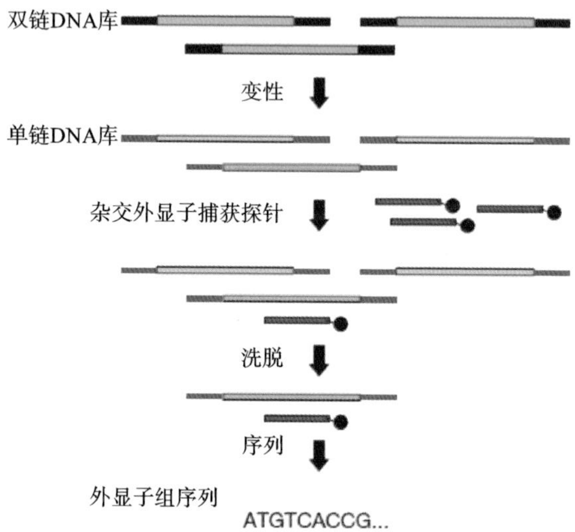

图 2.8 外显子组测序。可以用探针来捕捉基因组中的外显子编码区，然后再进行测序。由于编码蛋白质的外显子组只占基因组全部 DNA 的 1%～2%，外显子组测序相比全基因组测序节省了大量的成本。而且，由于规模较小，外显子可以进行深度测序，以检测可能被忽视的罕见变异（如在癌症中的情况；见第 4 章）。

是基因组中的编码 RNA 部分，它执行许多生物学功能，也是基因组中最容易解读的部分。其他更加精准的靶向方法通常用于测定与某些疾病有关的特定基因子集的序列。从历史上来看，这些各种各样的靶向方法比全基因组测序更便宜，并且可以为人们感兴趣的区域提供更准确的序列信息。这是因为“更深的测序深度”是可行的，也就是某一区域可以被测序更多次。外显子组和靶向方法可以提高在样本中检测异质性(例如,一些肿瘤细胞子集中的体细胞突变)的能力(详见第4章)。尽管靶向方法可能比全基因组测序更节省资源和时间,并且允许增加测序深度和提高准确性,但其获得的序列信息较少,因此我们必须权衡这些优势和劣势。靶向方法在检测结构变异的能力方面也是有限的。另一方面,全基因组测序能产生更完整的信息集合。目前我们对人类基因组中非蛋白编码区的认识有限,对其在健康和疾病中的作用认识也有限,因此全基因组测序的应用价值必然受到限制。对一个人的DNA进行解码,目前外显子组测序是被最广泛使用的方法,同时全基因组测序也正在普及中。

3 癌症遗传学导论

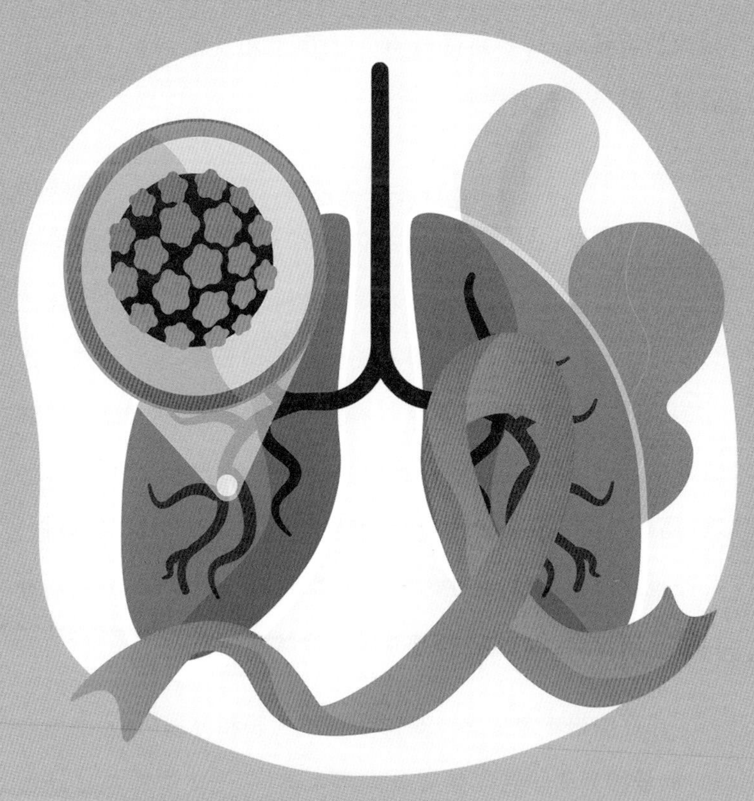

癌症是什么？ 它是如何发生的？

我们以低成本进行基因组测序的能力在医学上产生了巨大的影响，开创了个人基因组学的新时代。癌症是其中受影响较大的领域之一，要知道约40%的男性和女性将在其一生中的某一阶段受到癌症的侵袭。

在我们身体中，每个细胞的生长和分裂能力都受到遗传因素的严格控制；我们成年后，身体里的大多数细胞将很少分裂甚至停止分裂。癌症的发生正是由于细胞失去了控制，无法进行受控生长和分裂。如果患者能及早发现癌症，通常有成功治疗的机会。如果癌症没有及时被发现和治疗，它可能会扩散到身体的其他部位，这个过程被称为癌症转移。如果发生这种情况，癌症通常会变得更难治疗，而且往往是致命的。某些癌症，如卵巢癌和胰腺癌，往往因为在病情恶化之前症状不明显而难以被及时发现，因此，这些癌症的死亡率较高。

癌症的根本原因之一是影响细胞生长和分裂（称为细胞增殖）的基因突变。这些突变分为两大类：一类突变积极推动细胞增殖，另一类则消除对细胞增殖的限制。刺激细胞增殖的突变通常占主导地位,影响基因的一个拷贝;基因的另一个正常拷贝的存在并不能抵消或掩盖突变的影响。这些显性突变将具有致癌潜力的正常基因(称为原癌基因)转化为致癌基因。我们还有许多另外的基因,它们编码了抑制细胞增殖失控的因子,这些基因被称为抑癌基因,通常这些基因的两个拷贝都必须发生突变才能产生促癌效应。

一般来说,癌症的发展需要几种不同的基因都发生突变,也就是说癌症是多基因疾病。这是因为正常细胞有多种机制在发挥作用,以确保细胞的生长和分裂只在适当的时间、适当的位置发生。身体也有防御机制,可以在某些异常细胞癌变之前将它们清除掉。对于大多数癌症,我们一般认为原癌基因和抑癌基因的多重突变是在人的一生中随着时间的推移逐渐累积起来的(如图 3.1 所示)。在发生足够数量的突变前,人们都会保持健康状态。一旦积累了足够数量的突变,细胞生长的代偿机制会被突破,新生肿瘤将不受控制地生长。在肿瘤继续生长、细胞快速分裂时,更多的突变将会发生,这将使得肿瘤更具侵袭性或者更有可能转移。

许多不同类型的突变都有可能致癌。DNA 突变可能在我们出生时就存在,也可能在我们有生之年自发发生。我们从父

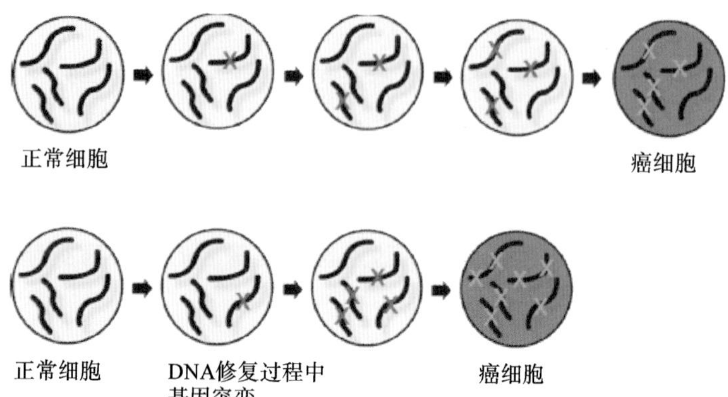

图 3.1 对于许多癌症来说，原癌基因和抑癌基因的多重突变被认为是导致细胞增殖失控的原因。它们通常被认为是随着时间的推移而累积起来的。DNA 修复和染色体完整性相关基因（如 *MLH* 和 *BRCA1*）的突变是十分有害的，因为它们会显著提高致癌突变的发生率。

母那里继承的突变被称为“生殖系”突变。这些突变通常存在于我们身体的所有细胞中。之所以称为“生殖系”突变，是因为这些突变起源于生殖细胞（精子或卵子）。生殖系突变流行于有癌症家族史的人群中，是导致那些家族成员癌症易感性较高的主要原因。

一个人在其一生中新获得的突变被称为“体细胞”突变。体细胞突变可能是因为在细胞分裂过程中错误引入 DNA，或者是由 DNA 损伤导致的（例如，皮肤细胞中的 DNA 暴露于太阳光紫外线中造成的损伤）。体细胞突变不会从父母传给子女。生殖系突变和体细胞突变可以是单碱基变异、小的插入或缺失，以及大的结构变异等。

基因融合是许多癌症中的一种常见突变，基因融合通常是染色体重排的结果，这时一个基因或其调控序列与原癌基因融合在一起，导致原癌基因蛋白产物的异常、持续表达或活跃，并造成含有该基因融合的细胞进行无法控制的增殖。第一个在癌症中发现的融合基因是 *BCR-ABL* 融合基因。*BCR-ABL* 融合基因是慢性粒细胞白血病的标志，95%以上的病例都有这种融合基因出现。目前在多种癌症中已发现数百种不同的融合基因。

BRCA1 和 *BRCA2* 基因①是如何导致癌症的？

由于 *BRCA1* 和 *BRCA2* 基因的有害突变与乳腺癌和卵巢癌之间存在联系，这两个基因受到了广泛的关注。*BRCA1* 和 *BRCA2* 编码了两个抑癌蛋白。这些蛋白质的功能之一是帮助修复受损的 DNA 和保持基因组的稳定性。有些女性出

① *BRCA* 全名为乳腺癌相关基因（breast cancer-related gene，*BRCA*），包括 *BRCA1* 和 *BRCA2*，它们可以抑制恶性肿瘤的发生，在调节人体细胞的复制、遗传物质 DNA 损伤修复、细胞的正常生长等方面有重要作用。——译者注

生时就携带了有缺陷的基因拷贝片段，她们往往会在人生的某个时候失去另一个正常拷贝片段的功能，从而导致染色体发生变化，并导致患上癌症的概率很高。携带单一生殖系 *BRCA1* 和 *BRCA2* 基因突变的女性在 70 岁之前罹患乳腺癌或卵巢癌的概率超过 80%。

一些携带 *BRCA1* 或 *BRCA2* 基因有害突变的妇女会选择手术切除乳房或卵巢，以降低患癌的风险。如果有近亲家庭成员在幼年时罹患乳腺癌或卵巢癌，则需要考虑携带生殖系 *BRCA1* 或 *BRCA2* 突变的可能性。我们可以检测这样的个体，看看她们是否真的携带有害的 *BRCA1* 或 *BRCA2* 突变。基因测试是有帮助的，但并不能作为依据直接下结论（详见第 8 章）。测序可能会揭示 *BRCA1* 或 *BRCA2* 的突变，但可能无法确定该突变是否有害。此外，*BRCA1* 和 *BRCA2* 突变并不总是遗传的，有时它们是自发的体细胞突变。这时候，在用于遗传检测的血液或唾液样本中可能检测不到这些突变，因为这些突变并不存在于身体的每一个细胞中。

尽管 *BRCA1* 和 *BRCA2* 突变已经确定是家族性乳腺癌的病因之一，但它们共占此类病例的 20% 左右（如图 3.2 所示）。其他的基因突变也可能导致家族性癌症，不过发生频率较低。另外，*BRCA1* 和 *BRCA2* 调控区未发现的突变也可能

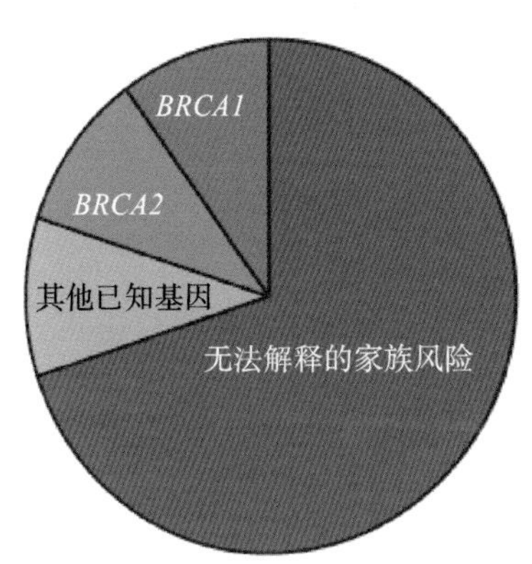

与家族性乳腺癌相关的已知基因

APC	*FANCE*	*PMS2*
ATM	*FANCF*	*PRSS1*
BLM	*FANCG*	*PTCH1*
BMPR1A	*FANCI*	*PTEN*
BRCA1	*FANCL*	*RAD51C*
BRCA2	*LIGA*	*RET*
BRIP1	*MEN1*	*SLX4*
CDH1	*MET*	*SMAD4*
CDK4	*MLH1*	*SPINK1*
CDKN2A	*MLH2*	*STK11*
EPCAM	*MSH6*	*TP53*
FANCA	*MUTYH*	*VHL*
FANCB	*NBN*	
FANCC	*PALB2*	
FANCD2	*PALLD*	

图 3.2 *BRCA1* 和 *BRCA2* 突变各占家族性乳腺癌病例的 10%左右。另外 40 个基因的突变约占 10%，其余约 70%的病例原因尚不清楚。

是造成家族性癌症病例的其他原因。最近对有乳腺癌家族史、*BRCA1* 和 *BRCA2* 基因正常的妇女进行的一项研究显示，这些人中约 10%的人有另外 40 个基因发生突变。因此，在确定一个人患乳腺癌的遗传倾向方面，*BRCA1* 和 *BRCA2* 以外的基因面板可能是有用的。要最终弄清楚乳腺癌的遗传基础，特别是对于那些目前没有发现可疑基因的、大约 70%的家族性乳腺癌病例，我们还有更多的工作要做。

其他与癌症有关的基因有哪些？

正常细胞生长和分裂过程中的许多步骤都可能由于基因突变而失控并导致癌症[如图 3.3(a)所示]。有多种基因，一旦发生突变就会导致细胞增殖失控，从而导致癌症的发生。表 3.1是一些通常与癌症有关的基因的例子。

我们如何利用遗传信息来治疗癌症？

遗传信息能帮助我们根据肿瘤的特定分子特征来调整癌症的治疗方案。通常我们是通过起源组织来描述癌症(如乳腺癌、肺癌或前列腺癌)，实际上，同一组织的癌症的外观和表现可能会因不同的突变和不同的基因表达而大相径庭，这被称为癌症的分子“特征”。例如，乳腺癌可以根据在肿瘤细胞表面表达的不同蛋白质而划分为不同的类型。表达人表皮生长因子受体 2(human epidermal growth factor receptor 2，HER2)、雌激素受体(estrogen receptor，ER)、孕酮受体(progesterone receptor，

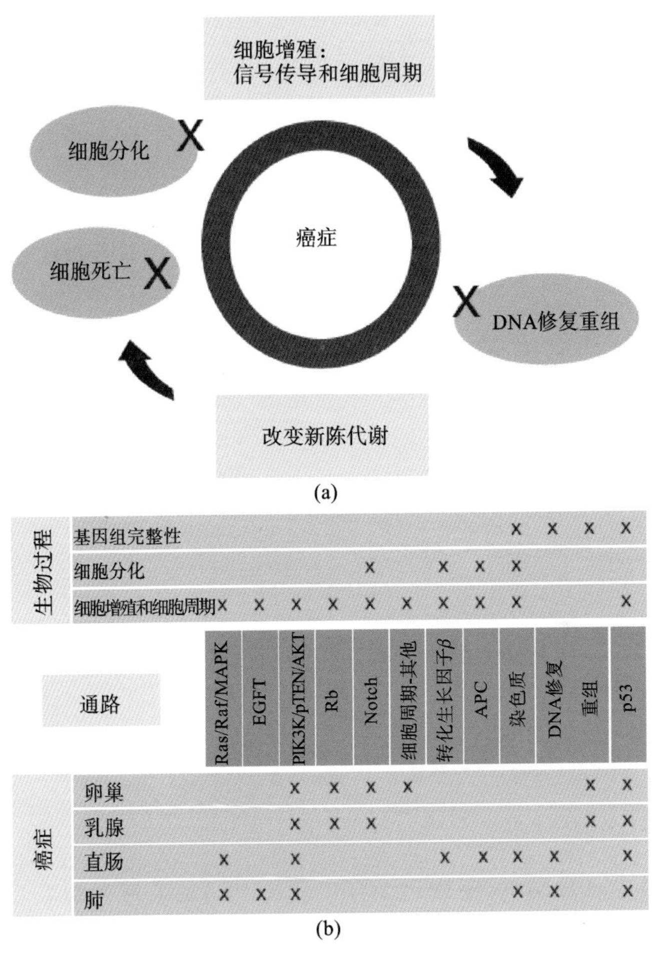

图 3.3 (a)在各种生物过程中，影响细胞生长、细胞存活、细胞分化和基因组完整性的突变都可能导致癌症。(b)四种常见癌症中发生突变的不同生化通路(在 Notch 通路中是基因表达发生了改变)的例子。顶部图片显示了这些通路参与的生物过程。

表 3.1 基因与癌症相关的例子

基因	正常生物学功能	突变体通常所涉及的癌症类型
原癌基因		
PI3K	细胞信号传导	多种癌症类型（例如，结肠癌、乳腺癌、脑癌、肝癌、胃癌、肺癌等）
BRAF	细胞信号传导	多种癌症类型（例如，黑色素瘤、卵巢癌、结直肠癌、肺癌、白血病等）
RAS 家族基因	细胞信号传导	多种癌症类型（例如，乳腺癌、结肠癌、肺癌、胰腺癌、白血病等）
HER2	细胞信号传导	乳腺癌
肿瘤抑制因子		
APC	细胞信号传导和黏附，染色体稳定性	结直肠癌
SWI/SNF 基因复合体	DNA 高级结构和基因表达	多种癌症类型（例如，卵巢癌、肾癌、肝癌、黑色素瘤等）
TP53	DNA 修复，细胞死亡	多种癌症类型（例如，卵巢癌、结直肠癌、食道癌、头颈癌、肺癌等）

PR）或三重阴性（不表达 HER2、ER、PR）的乳腺肿瘤表现不同，预后不同。对于 HER2 阳性的肿瘤，可以使用与 HER2 结合的药物（如曲妥珠单抗、拉帕替尼）治疗，抑制其活性。ER 和 PR 是激素受体，因此 ER 或 PR 阳性的肿瘤采用抗激素治

疗。三阴性乳腺癌的预后最差，不太可能对 HER2 靶向治疗或抗激素治疗产生反应。这类癌症通常通过相对激进的化疗来进行治疗。

随着人们对不同癌症亚型的分子特征了解得越来越多，针对这些特征的治疗方法也被开发出来。常规化疗不区分癌细胞和正常细胞，而是作用于所有快速分裂的细胞。因为正常的、快速分裂的细胞（如胃壁上的细胞）与癌细胞一起被杀死，所以化疗可能会产生严重的副作用。放疗是消灭快速分裂细胞的另一种普遍方法，其优点是可以专门针对癌症部位；然而，周围的正常细胞仍然可能会受到影响。在化疗和放疗中存活的正常细胞有时可能会产生有害的突变，可能会导致它们在将来癌变。与传统的化疗和放疗方法相比，新的靶向治疗以更高的精确度和特异性攻击癌细胞，因此，可以增强抗癌效果并减少相关副作用。

进行靶向癌症治疗的一种效果较好的药物是伊马替尼，它对治疗慢性髓细胞性白血病（chronic myelogenous leukemia，CML）非常有效。CML 中 BCR-ABL 融合蛋白被持续激活，伊马替尼可以有针对性地抑制它的活性。另一种靶向治疗药物厄洛替尼，则抑制一种与细胞生长控制有关的受体，即表皮生长因子受体(epidermal growth factor receptor,EGFR)。在许多类型的癌症中EGFR经常发生突变。相对于正常的EGFR,厄洛替尼和突变体结合得更紧密,具有更高的抑制性。因此,厄洛替尼可以有效治疗携带EGFR突变体的肿瘤。

在上面的例子中,通过检测肿瘤样本(如活检)可以确定癌症的分子特征。具体方案可通过基因序列检测(如*BCR-ABL*融合基因、突变的*EGFR*基因,或者*HER2*基因扩增)或组织蛋白染色(如ER/PR或HER2蛋白过度表达)进行。测试的结果可用于指导治疗的选择,即针对不同个体进行个性化治疗。

在肿瘤学中,根据肿瘤细胞的分子特征进行量身定制的治疗相当普遍。然而,分子特征通常局限于特定肿瘤类型的相关因子(如异常蛋白、突变基因等)。此外,分子特征还局限于已知的预后因子和少数高频的“可用药靶点”,即那些特定肿瘤类型的常见因子以及存在靶向治疗方法的因子。罕见但潜在的“可用药”的变化可能存在,但这些变化大多数情况下都被忽视了。此外,由于肿瘤的分子特征仅限于已知的、明确的因子,其所产生的信息对于促进我们对肿瘤生物学的全面理解价值有限。

4　基因组学与癌症治疗

从癌症基因组测序中我们学到了什么？

在拥有对整个基因组和外显子组进行测序的能力后，人们的注意力很快就转向了试图理解癌症背后的基因突变全图谱。现在，已经有数以万计样本的癌症基因组或外显子组被测序，这些数据揭示了一些癌症生物学的新见解：

第一，每种肿瘤都是不同的，有不同的基因组图谱。

第二，某些基因突变在特定癌症中很常见。例如，许多癌症存在抑癌基因 *TP53* 的突变，结肠癌和卵巢癌的产生是因为 RAS 通路中有突变，40%～60%的黑色素瘤在 *BRAF* 原癌基因中有一个非常特殊的突变。虽然我们在对全基因组测序之前就已经了解了某些癌症的遗传基础，但基因测序着实拓展了我们的认知，让我们对许多不同类型的癌症中常见突变的基因和生物通路有了进一步的深入了解。

第三，不同类型的癌症可能在同一原癌基因中发生突变。例如，*BRAF* 基因的突变通常发生在黑色素瘤中，但它也会出现在许多其他癌症中，如结肠癌和甲状腺癌。

第四，尽管存在许多不同类型的癌症，但这些癌症背后的分子缺陷通常只涉及十几个生物过程或通路[如图 3.3(b)所示]。这些通路通常与细胞生长、增殖或 DNA 损伤修复有关。例如，在乳腺癌中，pTEN 通路和 Rb 通路经常发生突变，影响细胞的生长；*BRCA* 基因也经常发生突变，并会影响 DNA 修复通路。在 DNA 修复通路中，基因(如 *MLH* 和 *BRCA* 基因)突变可进一步积累抑癌基因和致癌基因的突变，从而间接导致癌症的产生。

总体来说，癌症分类不仅要根据组织起源(即传统的分类系统)，还应该根据其背后的分子缺陷来进行。

基因组测序如何推进癌症治疗?

每种肿瘤都是不同的，拥有各自不同的基因组成，因此根据基因组信息进行个性化医疗管理是非常科学合理的。目前，基因组分析虽然还不是常规护理的一部分，但在有需要时，可以对肿瘤基因组以超过 80 倍的覆盖率进行测序，也就是说，每个碱基平均被测序 80 次(如图 4.1 所示)。许多研究人员建议将覆盖率扩大到 200 倍甚至更高。从同一患者的血液或唾液

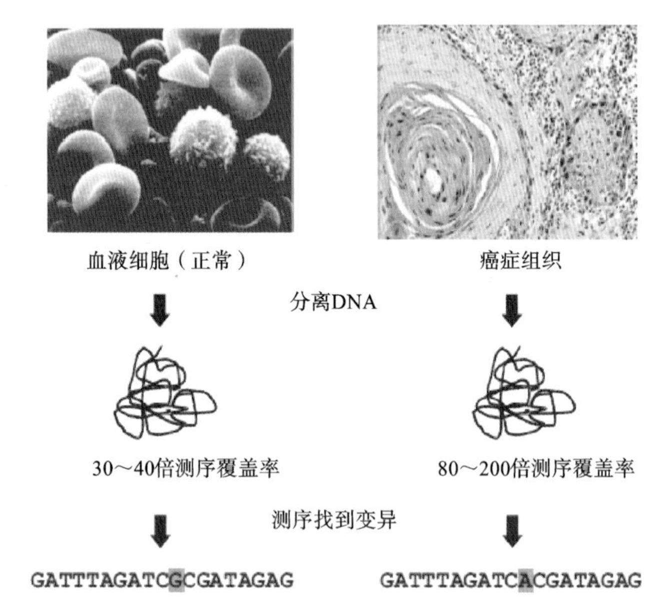

图 4.1　正常组织(通常是来自血液的细胞)和癌症组织分别被以 30 倍和 80 倍以上的平均覆盖率测序。对样本之间的遗传差异进行比较，可以发现癌细胞中的体细胞变化(体细胞突变)。

图片来源:癌症基因组图谱计划(The Cancer Genome Atlas,TCGA)、美国国家癌症研究所和美国国家人类基因组研究所。

中分离出的正常 DNA 也经常被测序。测序可能涉及整个基因组、外显子组或与癌症有关的一大组基因,例如,美国的基础医学公司(Foundation Medicine)对一组 315 个基因进行测序。后两种方法(外显子组测序和靶向基因面板测序)不是检测结构变异的理想方法,但它们可以进行更深层次的测序,能检测到只在一部分肿瘤细胞中出现的突变。因为肿瘤是异质性的,一些变异可能只存在于一小部分肿瘤细胞中。虽然肿瘤起源于单个异常细胞,但随着肿瘤细胞的快速分裂,新的突变很容易出现,从而形成具有不同基因组图谱的多个肿瘤细胞亚群。这些新突变快速积累的一个原因是肿瘤细胞里存在不利于基因组完整性控制的突变。另外,如果在肿瘤样本中存在大量的正常组织,更深层次的测序也可以提供更加灵敏的变异检测。

通过比较肿瘤细胞与正常细胞的DNA,可以识别基因突变,并发现肿瘤细胞特有的体细胞突变。这其中最大的挑战是确定哪些变异最可能是"驱动突变",即积极促进肿瘤生长的突变。在对癌症晚期患者的肿瘤细胞进行全基因组测序分析时,这项任务可能会特别艰巨,这是因为与来自同一人的正常DNA相比,癌症晚期患者的肿瘤细胞基因组可能积累了成千上万的体细胞突变。事实上,某些类型的癌症通常有数以万计的变异!人们通常在已知的原癌基因或抑癌基因中寻找突变,特别是影响药物靶点的突变,也就是那些已经获得美国食品药品管理局(Food and Drug Administration,FDA)批准的药物或者处于临床试验中的药物的可用靶点。例如EGFR和PDGFR,它们分别被厄洛替尼和舒尼替尼(Sunitinib)抑制。

举一个例子，在研究中，我们对一位转移性结肠癌患者的基因组进行了测序，发现 *EGFR* 基因的拷贝数增加了（如图 4.2 所示）。作为治疗的一部分，该患者随后接受了 EGFR 信号通路抑制剂的治疗。表 4.1 显示了许多通常用于非小细胞肺癌靶向药物治疗的例子。

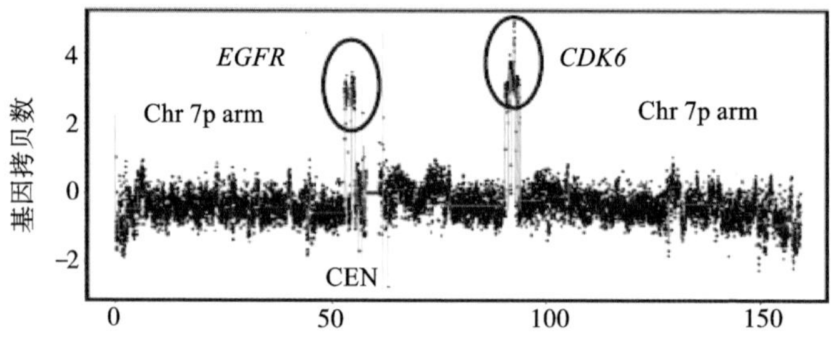

图 4.2 一位转移性结肠癌患者的基因组测序显示 *EGFR* 和 *CDK6* 区域的扩增。该患者接受了 EGFR 信号通路抑制剂的治疗。

图片来源：季汉莉（Hanlee Ji）和迈克尔·斯奈德。

表 4.1 基于遗传变异指导非小细胞肺癌治疗所用的部分药物列表
［参考：美国国家综合癌症网络（NCCN）肿瘤学临床实践指南］

遗传变异	部分靶向治疗药物
EGFR 突变	吉非替尼、厄洛替尼、阿法替尼
HER2 突变	曲妥珠单抗、阿法替尼
BRAF 突变	维莫非尼、达拉非尼
MET 扩增	克唑替尼
RET 重排	卡博替尼

对一个人的 DNA 进行测序，除了可以发现与癌症相关的体细胞变化外，也可以调查是否存在常见的增加癌症风险的生殖系突变。尽管这些生殖系突变通常不可用药治疗，但这些信息可能会对预后判断有用，如在患者的家庭成员确定自己的癌症风险方面很有价值。事实上，现在已经有一些例子表明，对一名癌症患者的正常 DNA 和癌症 DNA 进行测序所发现的生殖系突变，可以用来提醒该家庭的其他成员，告知他们患癌症的风险也有所增加了。

基因组分析的结果可能会发现一个潜在的驱动突变，而这种突变暂时还不是这种癌症的标准治疗目标。有这样一种可能，虽然在市场上可能可以买到针对这种驱动突变的药物，但是这种药物却被美国食品药品管理局批准用于治疗另一种癌症。或者还有一种可能，患者无法通过商业途径买到针对该驱动突变的药物，但可以通过临床试验获得。肿瘤学家可以利用基因组分析的信息为患者选择非标准的、个性化的治疗方法。在这里描述的场景中，肿瘤学家可能会使用驱动突变的线索来对患者进行“标示外”靶向治疗，这里“标示外”指的是在美国食品药品管理局批准的处方药之外的药物。虽然医生有权酌情开具“标示外”处方，但应该有相关的科学依据。例如，如果医生检测发现某位患者的结肠癌细胞携带基因突变的 EGFR，并且该医生知道有一种专门用于治疗 *EGFR* 突变但目前仅被批准用于治疗肺癌的药物，同时该医生认为这位患者适合使用该药物时，这位医生作为一名结肠癌的肿瘤学家，就可能开具这种用药处方。其实医生在开具标示外用药处方时的责任风险很大，风险大小取决于支持这种用药处方的科学证据有多充分。保险公司和其他第三方付款人(如美国联邦医疗保险)在同意为“标示外”处方药付费之前，可能需要医生提供相关科学依据的证明文件。在这里描述的情形之外，还可能有另一种解决方案，即医生可能会依据驱动突变的证据来建议患者参加一项临床试验，该临床试验的主要目的是研究用于靶向治疗相关驱动突变的受试药物的有效性。

研究人员对使用基因组分析指导个性化癌症治疗的可能性抱有相当大的期待。他们希望，在成功概率极低的情况下，某些药物将不再用于治疗癌症；更重要的是，针对特定肿瘤中存在的不受控制的增长驱动因素，及时进行靶向治疗通常是非常有效的，而且副作用也会减少。需要注意的是，这些疗法大多是针对癌症晚期患者的。其他大多数患者则需遵循已确定的正常治疗过程,他们所使用的许多药物都是新的并且有副作用。然而,随着药物功能越来越有针对性,疗效越来越明显,我们可以期待这些靶向疗法将会应用于癌症早期患者,其应用范围能够越来越普遍。

另一个活跃的研究领域是利用基因组和基因表达数据来确定何时开始抗癌治疗。所有的抗癌疗法都伴随着会产生副作用的风险。对于患者和医生来说,了解癌症的侵袭程度是非常必要的,这样他们就可以在充分知情的情况下,决定是立即开始治疗还是推迟治疗,并密切关注肿瘤的生长(即“积极监测”)。这些信息在癌症很可能不具有侵袭性的情况下更加有用,因为癌症治疗有可能严重影响生活。例如,早期前列腺癌的治疗进展往往非常缓慢,经过多年的治疗过程,一些治疗可能导致患者尿失禁或阳痿。因此,区分侵袭性前列腺癌和非侵袭性前列腺癌,这对于了解治疗该癌症的时间和方法是很有价值的。

如果一个人得了癌症,医生应该对他的肿瘤基因组进行测序吗?

当基因组测序第一次出现的时候,许多医生不使用它,理由是担心基因测序不够准确、会增加向患者解释的难度，并且认为该测序在治疗决策中的价值是有限的。直到今天，仍然有一些医生对此有担忧，但我们可以想象的是，这些担忧不会再持续很长时间。除了成本外，对肿瘤的整个基因组，或者至少是对那些编码已知药物靶点和预后因子的基因组进行测序不会有什么损失。事实上，医生可以获得更多信息。对有关治疗方案的癌症基因组进行分析，医生可以得到几种结果：

(a)医生不会了解任何新情况；

(b)基因组将支持患者目前的治疗过程；

(c)基因组揭示新的信息，据此，医生提出新的治疗建议；

(d)医生获得关于个别患者可能对某些药物敏感的相关信息；

(e)基因组结果将被用于免疫治疗(见下文)。

我们发现(b)和(c)是经常出现的两种结果。基因组序列可能会证实患者正处于正确的治疗过程中。例如，医生对一位检测出 HER2 阳性的乳腺癌患者的肿瘤 DNA 进行了测序；该序列显示了 *HER2* 基因的额外拷贝，并证实了她目前的 HER2 靶向治疗过程确实是合理的。由于初步筛选的结果可能是假阳性，也就是说这位患者检测为 HER2 阳性可能是错误的，基因组分析则提供了另外的有用证据。

关于结果(c)的一个例子是,一名乳腺癌患者经过了几个疗程的化疗,已达到蒽环类药物的最大允许治疗剂量(即该患者不能再接受该类型的化疗)。然而,与此同时,肿瘤基因组分析显示,该患者的一个细胞信号通路存在异常激活现象,该通路是目前临床试验药物的靶点。如果患者有资格参加其中的一项临床试验,并经肿瘤学家确定合适,则可鼓励患者参加该临床试验。

关于患者的药物敏感性信息,结果(d)可能包括某些抗癌药物在患者体内的代谢速度的相关信息。药物代谢较慢的个体需要较长时间才能将该药物从其体内清除,因而只需要较低的药物剂量(避免药物积累及相关副作用);反之,药物代谢较快的个体则需要较高剂量的药物(以确保体内有足够的药物对抗肿瘤细胞)。最后,如果一位患者的基因变异导致其代谢某一药物的能力严重受损,那么对这位患者来说,该药物就可能是有毒的,不适合让该患者服用该药物。目前,已经可以针对几种化疗药物(如6-巯基嘌呤、硫鸟嘌呤、卡培他滨、5-氟尿嘧啶和伊立替康等)进行治疗前的药物敏感性筛选,随着更多的基因组序列被确定,在未来这一名单可能会大量扩增。

为什么抗癌药物会失效？ 基因组学方法如何帮助解决这个问题？

对于晚期癌症，几乎所有的抗癌药物最终都会失效。这可能发生在两个阶段：最初的治疗阶段和癌症复发阶段。有些患者最初对药物的反应没有像其遗传信息所预测的那样有效，而是没有反应。这可能是由于靶目标中存在额外的突变，患者产生了耐药性，也可能是因为其他细胞通路在肿瘤通路中活跃，从而抵消了治疗的影响。其中一个例子涉及表皮生长因子受体。有表皮生长因子受体基因常见突变(*EGFR L858R*)的患者对厄洛替尼敏感；然而，有些患者可能有第二个突变(*EGFR T790M*)，该突变导致患者产生了耐药性，使得患者对治疗没有反应。所以，了解患者遗传信息的全貌对于治疗是非常重要的。在大多数情况下，我们都不明白为什么一组患者最初对药物没有反应，因而需要我们努力确定其"旁路"突变和通路。

癌症治疗面临的主要挑战之一是虽然治疗使肿瘤停止生长或缩小，但是只要患者的肿瘤仍然存在，随着时间推移，该患者几乎总是会再次产生耐药性，即使靶向治疗的目标是一个主要的驱动基因（促使细胞不受控制地增殖），如黑色素瘤中的*BRAF*突变。有时会很快产生耐药性，有时几年后才会出现。我们可以在肿瘤异质性的背景下理解产生耐药性的问题。正如本章前面讨论的，构成肿瘤的细胞在基因上并不完全相同，随着癌细胞的生长，新的突变会不断出现。另外，此前的化疗也可能会导致未完全消除的肿瘤中出现新的突变。并且，构成肿瘤的所有细胞可能具有不同的基因表达模式（即使它们在基因上是相同的）。例如，它们位于肿瘤内部的位置差异可能会影响基因表达。某些基因变异和某些基因表达谱可能仅存在于一个或少数肿瘤细胞中，使这些细胞对抗癌药物产生耐药性。在药物存在的情况下，耐药细胞继续生长和分裂。它们甚至可能发生更多的突变，进一步扩增和/或使它们更具耐药性。最终，这些耐药细胞会扩增得足够多，从而使得肿瘤继续生长并被检测出来。

肿瘤基因组测序可以检测到耐药细胞的多种潜在的耐药生物机制。对于靶向药物，耐药性可能产生于不表达靶标基因的部分细胞，因为它们不携带驱动突变或携带改变药物与靶目标相互作用的额外突变。许多药物需要被肿瘤细胞内部吸收并积累，才能发挥作用。耐药性可能与突变有关，例如突变可能会使得细胞内部吸收药物的机制失效,或者使药物从细胞中移除的机制被过度激活。耐药性也可能与补偿机制被激活的基因变异有关,这些机制抵消了药物对肿瘤细胞的有害影响(例如,如果药物损害肿瘤细胞 DNA,则修复机制可能被激活)。

在癌症治疗中,两种或两种以上药物同时使用的联合治疗很常见,这些联合治疗方案有助于解决肿瘤异质性和耐药性问题。在许多情况下,我们对这些知之甚少,不过,我们正在努力优化组合疗法。在未来,重要的是要了解每个人确切的肿瘤基因组成及演变,以及基于这些信息的药物组合的有效性,以便能够更有效地确定个性化治疗方案。

遗传学和基因组学能帮助我们发现早期癌症并监测治疗效果吗?

许多癌症,如卵巢癌和肾癌,通常只有在相对晚期才会被发现,因为它们在早期阶段可能无明显症状。在过去的几年里,一个值得注意的发现是,在血液中经常可以找到实体肿瘤细胞的 DNA。这可能是由于癌细胞在死亡时,其细胞内的物质随之被释放到血液中。这种循环肿瘤 DNA(ctDNA)的发现非常重要，因为它提供了通过简单的血液测试来检测“悄无声息”的早期癌症的可能性。事实上，在最近一项旨在检测非小细胞肺癌中经常携带体细胞突变的139个基因区域的研究中，大约一半的早期（Ⅰ期）非小细胞肺癌患者和所有较晚期（Ⅱ—Ⅳ期）非小细胞肺癌患者体内都检测到了ctDNA。ctDNA检测理论上适用于许多类型的癌症。在将来，对那些已知有某些癌症患病风险的个体进行ctDNA筛查，可能会成为早期检测的标准组成部分。ctDNA筛查增加了筛查出癌症病变的可能性，也许有一天还会成为常规体检的一部分。与该观点一致的是，最近在一项针对孕妇体内胎儿染色体畸变的ctDNA进行分析的研究中（见第9章），发现了某些孕妇体内存在癌症DNA！因此，孕妇可能会是第一批接受这类筛查的人群之一。

ctDNA分析也可以应用于那些已经诊断出癌症的患者，用于监测治疗效果，检测癌症复发情况，甚至提供预后观察。一些研究表明，某些患者接受肿瘤切除手术后，他们体内残留的ctDNA与他们癌症复发的风险增加有关。因此，手术后的ctDNA筛查可能可以应用于确定哪些患者应该接受化疗以清除体内残留的癌细胞。在成功治疗癌症的患者中，ctDNA的增加可能是癌症复发的早期迹象。ctDNA序列分析提供了对癌细胞突变情况的“实时”观察，有助于判断预后。最后，在患者无法进行活检或患者不希望承担肿瘤活检风险的情况下，ctDNA 可用来分析患者的癌症 DNA。例如，对那些健康状况不佳且对目前的治疗没有反应的非小细胞肺癌患者，如果肺活检被认为风险过高，分析其 ctDNA 可能有助于确定存在哪些体细胞突变，并为替代治疗提供依据。ctDNA 的分析通常被称为“液体活检”，因为与传统的实体肿瘤活检相比，它具有许多类似功能。

采集血样

Photo by Amornthep Srina on Pexels

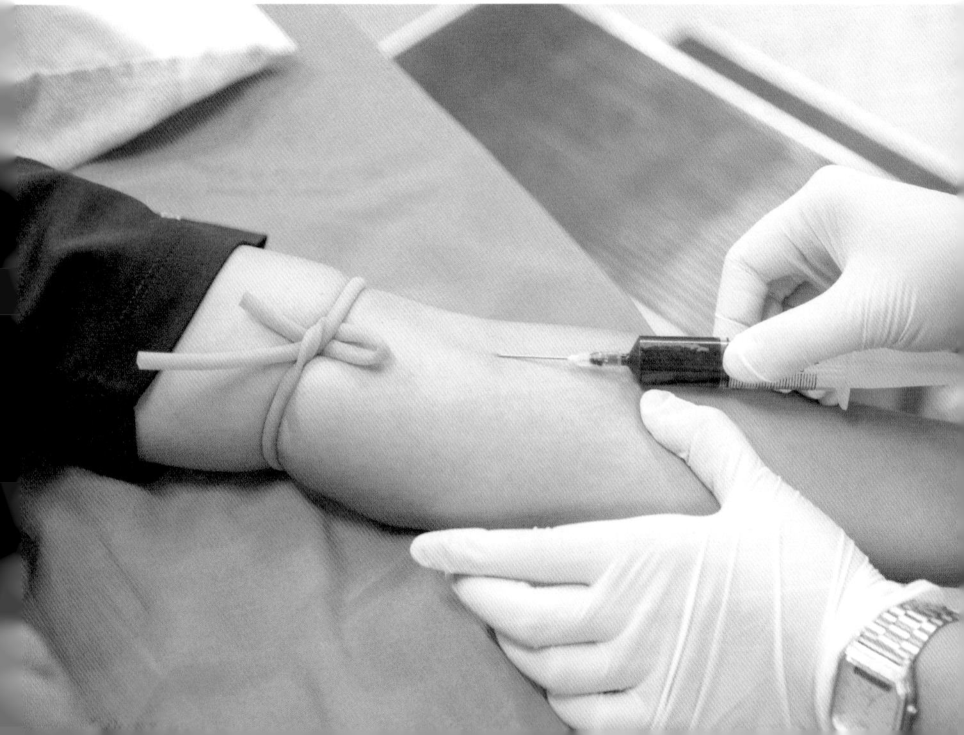

血液并不是唯一用来检测和监测实体癌细胞释放的 DNA 且容易获取的物质。根据癌症的不同,肿瘤 DNA 也可能存在于粪便、尿液和腹水(某些癌症会导致腹腔积液)中。在粪便样本中检测出结直肠癌 DNA 是可能的,并且已经在商业产品上得到了应用,这是一些可行的诊断测试的基础。在早期前列腺癌或膀胱癌检测中尿液 DNA 分析也是一个活跃的研究领域。

什么是免疫治疗?

基因组学正开始对一种全新的治疗方法产生影响,这种治疗方法被称为“免疫治疗”,这种疗法利用人体的免疫系统来攻击肿瘤。肿瘤逃避免疫系统的能力是肿瘤发展成癌症的一个重要因素。通常情况下,当一个细胞发生了致癌突变,并成为癌前细胞时,免疫系统就会意识到这个特定的细胞出了问题,进而引发免疫反应来消灭这个癌前细胞。很有可能我们中的许多人,在一生中有一些细胞发展成了癌前细胞,但是在这些癌前细胞发展成为癌症之前,我们的免疫系统就消灭了它们,因此,我们甚至从来不知道这些癌前细胞的出现和存在。

癌细胞用来逃避免疫系统的一个伎俩就是在自己周围竖起一个“盾牌”,从本质上阻止免疫系统对它们的攻击。在某些肿瘤中,癌细胞开始大规模、过量地产生信号,这些信号实质上是在“告诉”免疫系统:“不要攻击我!”其中一个关键的信号是 PD-L1 蛋白质。PD-L1 蛋白质位于癌细胞表面,“告诉”免疫细胞不要攻击它。它通过与免疫细胞表面的一种叫作 PD-1 的蛋白质结合来实现这一点。最近,我们已经认识到,这种逃避免疫系统的机制在癌细胞中比我们之前想象的还要常见得多。

免疫治疗是一种新的治疗方法,它通过阻断 PD-L1 /PD-1 的屏蔽系统而起作用,癌细胞利用该系统来阻断针对它们的免疫反应。关闭这些信号后,免疫系统就可以自由地攻击肿瘤了。目前的免疫疗法通常阻断 PD-1(如纳武利尤单抗和派姆单抗)。这从根本上阻止了肿瘤向免疫系统发出的“关闭”信号,因而允许免疫系统对肿瘤进行攻击。免疫治疗与传统的放疗、化疗以及靶向治疗相结合,可以改善某些癌症患者的预后。

要了解免疫治疗是否有效,重要的是要确定 PD-L1 在肿瘤中的存在,以及 PD-1 在免疫细胞中的存在。这些蛋白质的存在可以通过分析 RNA 或寻找蛋白质(使用组织染色)来确定。当在肿瘤中检测到大量含有 PD-L1 的 RNA 或蛋白质时,我们知道这些细胞正在产生 PD-L1,并且发送“不攻击”信号到免疫系统。因此这种肿瘤对免疫治疗很敏感。抗 PD-1 的治疗方法目前被用来治疗许多不同类型的癌症(如黑色素瘤、肾癌和肺癌等）。

促进免疫反应的相关免疫治疗策略还包括CTLA-4，CTLA-4是一种蛋白质，位于我们的一些免疫细胞里，抑制免疫细胞对癌细胞的攻击。阻断CTLA-4（如伊匹单抗）的抗体可以激活免疫系统，并已被证明对某些类型的癌症（如黑色素瘤）有用。

基因组学如何利用患者自身的免疫系统对抗癌症？

大多数靶向治疗（如免疫治疗）使用基因组信息来确定某一特定治疗方法对治疗哪些特定患者的癌症有效。然而，另一种令人兴奋的个性化治疗方法表明，增强针对特定肿瘤的免疫反应也可能是一种高效的治疗方法。

如上所述，每个癌症患者都有一组特有的突变，这些突变都是偶然发生的，其中大多数突变并不是导致癌症产生的原因，而只是伴随驱动突变一起旅行的“乘客”。尽管从原理上讲，这些突变并没有直接导致癌症，但它们产生的突变蛋白（即“新抗原”）可以被免疫系统识别并成为攻击的目标。通过“启动”（即“接种”）患者的免疫系统，以对抗肿瘤中的伴随突变（使用携带这些突变的蛋白质片段），可以起到放大免疫反应的作用,从而促进免疫系统对癌症的更强攻击。最近的研究工作证明了利用患者自身免疫系统对抗癌症的有效性。对皮肤癌和其他癌症的研究揭示了新抗原治疗可以如何进一步改善癌症患者的治疗效果,这些研究是非常有前景的。

每个癌症患者都有一些独特的伴随突变,这些伴随突变可以通过基因组测序来识别。然而,仅仅确定基因组中的突变是不够的。为了产生新抗原,突变还必须以蛋白质的形式来表达。分析基因表达模式可以测试出这些突变的表达规律,并允许用个性化的新抗原治疗来改进癌症的治疗方法。一旦识别出新抗原,患者就可以接种这些特殊的新抗原疫苗,从而使免疫系统能够有针对性地攻击癌细胞。预计这种基于个体突变而高度个性化的治疗方法将对许多类型的癌症极为有效,并可与其他疗法结合使用。

除了针对癌症患者中存在的个性化抗原进行疫苗接种,还有另一种更通用的前列腺癌疫苗接种方法。约95%的前列腺癌细胞都含有一种叫作前列腺酸性磷酸酶(PAP)的蛋白质。通过增强人体对PAP的免疫反应,个人免疫系统可以针对前列腺癌细胞起作用。因此,针对普通抗原和新抗原的免疫反应可以成功地应用于靶向癌细胞。与其他形式的免疫疗法一样,这些疗法可以与其他类型的疗法结合使用,从而提供多种抗癌途径。

5 治疗神秘的遗传病

什么是神秘的遗传病?

遗传病可能在婴儿出生时引起症状,也可能在以后的生活中才表现出来。到 25 岁时,超过 5%的人会患有至少一种具有重要遗传成分的疾病。据此估计,美国大约有 1600 万人受到遗传病的影响。在很多情况下,这些疾病背后的遗传变异是未知的。

那些在生命早期引起症状的遗传病通常是(但不总是)由单个基因的变异引起的,我们把这种类型的疾病称为"单基因"遗传病。单基因遗传病遵循可预测的遗传模式,遗传学之父格雷戈尔·孟德尔(Gregor Mendel)在一百多年前就对这一遗传模式进行了详细描述。因此,这种疾病经常被描述为"孟德尔病"。它们既可以是隐性的(即母亲和父亲的基因拷贝都带有突变才能表现出这种疾病),也可以是显性的(即只需要一个有缺陷的基因拷贝就能发展成这种疾病,如图 5.1 所示)。

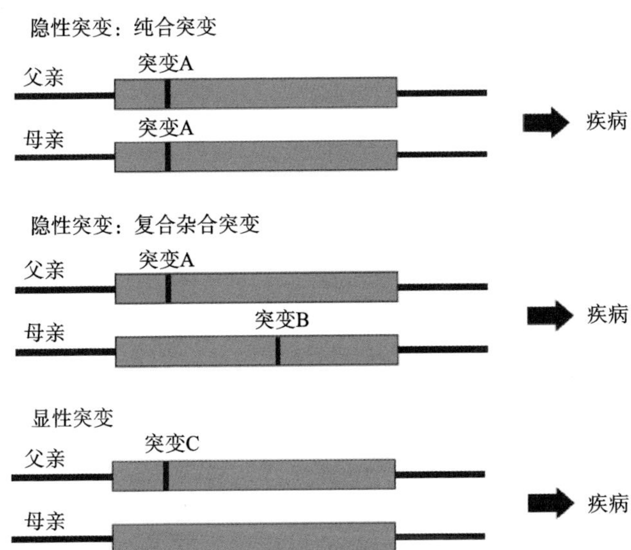

图 5.1 隐性突变和显性突变。隐性突变是指那些需要同时出现在两个基因拷贝中才能表现出疾病的突变。“纯合突变”是指每个基因拷贝携带的突变相同；“复合杂合突变”是指每个基因拷贝携带一个突变，但突变是不同的。显性突变只需要一个突变就可以引起疾病。

镰状细胞贫血是隐性孟德尔病的一个例子。个体如果从母亲和父亲那里都继承了镰状血红蛋白β-球蛋白基因 *HBB*，就会具有典型的镰状红细胞。这种形状导致这些细胞变得异常脆弱，并会产生贫血(红细胞计数低和缺氧)以及一系列其他问题。如果个体从父母中的一方继承了正常的β-球蛋白基因，从另一方继承了镰状变异的β-球蛋白基因，那么就不会患有这种疾病。因为该基因的正常拷贝足以向红细胞提供功能性血红蛋白。显性孟德尔病的一个例子是成骨不全症(即脆骨病)。它最常见的原因是Ⅰ型胶原基因的突变。Ⅰ型胶原是骨骼的重要组成部分,突变的Ⅰ型胶原基因干扰了正常的Ⅰ型胶原基因的功能。个体只要从父母中一方继承了缺陷基因就会表现出这种疾病。在某一时期,由于遗传原因未知,这些疾病一度被认为是神秘疾病。在许多情况下,科学家们数十年的研究都是为了找到这些疾病的致病基因。

孟德尔病可能在家族不同成员中发生(家族性),也可能会在母亲或父亲的生殖细胞(卵子和精子)中自发产生,也可能在精子和卵子融合之后,在新生儿个体中产生。因此,如果一个孩子患有疑似遗传病,但其父母身体健康,最可能的原因是自发的显性变异或遗传的隐性变异。更复杂的是,致病变异在"外显率"上可能有所不同,也就是说,携带这些基因变异的个体表现出遗传病症状的频率可能会有所不同。高外显率的基因变异会在携带这些变异的大部分(甚至所有)个体中引起疾病。

在过去,由于那时还没有现在这些快速和相对便宜的基因组测序或外显子组测序,对于遗传病机制不明的患者来说,医生们通常在了解其疾病基础之前，就让他们接受了大量检查和不当治疗。据估计，这些患者在其一生中会花费大约500万美元用于检查和治疗这些疾病。因此，利用新的基因组测序技术对这些疾病进行及时检测和正确诊断，不仅能确保患者获得适当的医疗护理，而且能节省大量的医疗费用。此外，患者和他们的家人也可以避免各种不必要的、带来心理压力的、耗时的检查。虽然并不是所有神秘的遗传病都可以用当前的技术来解决，但基因组学的出现大大提高了治疗遗传病的成功率。

镰状细胞贫血患者的血涂片

Photo by SpicyMilkBoy on Wikimedia Commons

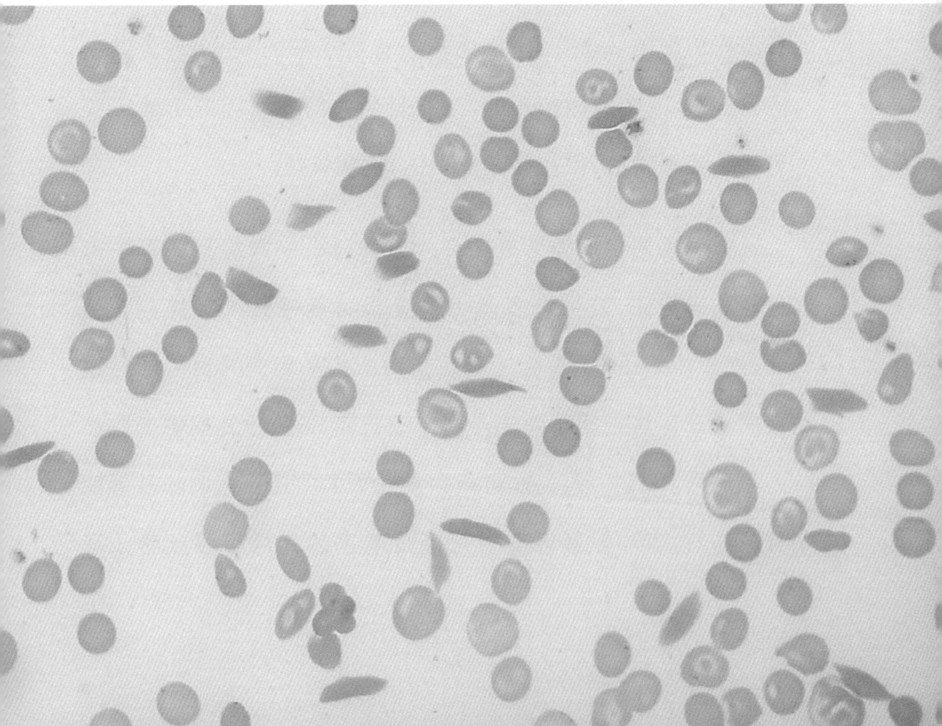

孟德尔病有多少种?

截至2014年7月,已经被描述的孟德尔病大约有7300种。对于其中的3963种疾病,我们已经了解了与其相关的基因突变,携带该突变的基因可能就是这种疾病的致病原因(如表5.1所示)。随着基因组分析更多地融入临床实践,应该会有更多的孟德尔病得到有效解决。对于许多基因来说,不同的变异会对其编码的蛋白质产生不同的影响,进而导致出现不同的疾病特征。例如,不同的变异可能对编码蛋白的数量或活性有不同的影响。事实上,上述已经有所了解的3963种孟德尔病只受2776个基因的影响,这正是因为同一基因的不同突变可能导致不同的(但往往是相关的)疾病特征。

很多孟德尔病尚待鉴定。人类基因组中大约有2万个蛋白质编码基因,其中许多基因的变异可能导致人类疾病。此外,许多能编码RNA但不编码蛋白质的基因变异也可能导致疾病。现在这些问题尚未得到详细研究,目前已知病例的数量尚且有限。未来,人们很可能会发现更多的相关病例和基因变异。当然,有一些基因变异可能是有害的并且可导致胎儿死亡，因此，我们不能在活着的人群中观察到这些基因变异。

表 5.1 与孟德尔病有关的基因实例

基因	疾病	可能的针对方法
APP，*PSEN1*，*PSEN2*	早发型阿尔茨海默病	治疗阿尔茨海默病的药物，如胆碱酯酶抑制药、盐酸美金刚等
BRCA1，*BRCA2*	乳腺癌、卵巢癌	对于有基因变异但没有症状的个体，经常监测癌症指标；在某些情况下考虑预防性手术(如乳房切除或切除卵巢、输卵管等)
CFTR	囊性纤维化	对囊性纤维化症状的多种治疗，例如，气道清理手术，脱氧核糖核酸酶，对特定 *CFTR* 突变患者给予依伐卡托治疗
HFE	血色素沉着病(过量铁吸收)	对于有症状的个体，可进行静脉切开术或螯合、饮食调整等
WRN	维尔纳综合征(早衰)	老年病症(如高胆固醇血症、白内障、糖尿病等)的典型治疗方法

如何确定导致遗传病的基因？

一般来说，确定一种疾病的遗传基础的难易程度与导致该疾病的变体在整个人群中的流行程度、是否有该疾病家族史和是否有其他家庭成员可供分析的DNA有关，同时，也与遗传方式（如孟德尔遗传、多基因遗传、高或低外显率等）有关。

例如，新生儿某些形式的听力损失的原因往往相对容易确定。这是因为听力损失在新生儿中相对常见（平均约每500名新生儿中就有1名出生时患有听力损失），目前，该问题得到了充分的研究。一般来说，2/3的新生儿听力损失病例都有遗传基础。大多数有听力损失的新生儿（约70%）没有其他症状。当听力损失是唯一存在的遗传疾病（即没有其他症状），并且家族史表明这种疾病是以孟德尔隐性遗传的方式遗传时，这种疾病通常是由*GJB2*或*GJB6*两个基因中的一个变异所致。

在其他情况下，可以分析一组更大量的候选基因。例如，对于没有表现出与*GJB2*或*GJB6*突变相关的先天性新生儿听力损失，可对多达100个与听力损失相关的基因进行变异检测。通过使用检测这些基因的探针，可以针对患者的相关区域进行有效分析。事实证明，这在许多情况下是有效的。了解听力损失的遗传基础可以有助于确定如何治疗这些新生儿的听力障碍。此外，这些信息可以帮助家庭成员做出明智的医疗选择。

对于许多疾病,靶向筛选一些特定候选基因集合,并通过搜索潜在的有害变异来找到致病突变的方法并不可靠。例如,对于遗传性肥厚型心肌病这种易导致年轻运动员心搏骤停的疾病,患者的家庭成员可能会有接受测试的强烈兴趣,想要确定他们是否也携带这种无症状的、毁灭性疾病的相关基因突变。因而,对他们来说,鉴定其致病突变就具有非常重要的意义。然而,需要注意的是,使用靶向方法也只能在最多70%的遗传性肥厚型心肌病病例中检测到致病变异。

当靶向方法失败时,通常会尝试外显子组或全基因组测序。理想情况下,可以确定包括父亲、母亲和兄弟姐妹在内的整个家庭成员的DNA序列。根据一种疾病在家族内的遗传模式,推断出该疾病可能的遗传基础(例如,隐性或显性、家族性或自发性等)。这些信息与外显子组或全基因组测序的结果相结合,可以用于确定可能引起这种疾病的基因和基因变异。疾病的特征和症状为我们了解其背后紊乱的生物学过程提供了一些线索。在某些情况下,对疾病基础已有的研究也有助于进一步刻画其背后的生物学原理。这种对疾病生物学原理的认识有助于缩小目标范围,针对相关基因和基因变异,可通过使用测序确定其中哪些是导致这种疾病的实际原因。

基因组学方法在解决神秘的遗传病方面有多大用处？

到目前为止，对于绝大多数神秘的遗传病，外显子组测序和全基因组测序在25%～30%的病例中已经成功地确定了可能的致病突变。此外，当致病突变被确定时，只有在少数情况下，这些突变信息才对优化治疗是有价值的。通常全基因组测序或外显子组测序会产生一个疑为致病突变的短名单，要进一步缩小该名单则需要进行额外的测试和实验。当然，尽管如此，基因组测序也取得了一些令人瞩目的成就。

尼古拉斯・福尔克尔(Nicholas Volker)的案例是一个早期例子。在这个案例中，基因组测序在一种尚无治疗对策的疾病的诊断和治疗中发挥了重要作用。尼古拉斯出生时很健康，但到两岁时，他有次受了伤，伤口却无法愈合。之后，他的病情急剧恶化，由于身上有许多严重的伤口，他经常出现败血症(血液感染)，进行了100多次手术。他的结肠被切除了，不能吃也不能喝，需要全肠外营养，也就是说，他所有的营养都是通过静脉注射的。通过对他的基因组进行测序，医生推断他的*XIAP*

基因发生了突变,这个基因与免疫功能有关。他接受了一位匿名捐献者的脐带血移植,在这之后,他恢复得非常好。

另一个成功的例子是不同卵(异卵)的比里(Beery)双胞胎(如图 5.2 所示)。他们出生时有癫痫发作和运动技能延迟症状,当时他们被诊断为脑性瘫痪。后来,他们接受了一次新的诊断,即他们被确诊为患有多巴胺反应性肌张力障碍症后,接受了多巴胺治疗。虽然多巴胺治疗缓解了他们的症状,但并没

图 5.2 高中毕业典礼上的比里双胞胎(2015 年)。通过基因组测序,医生发现这对双胞胎的 *SPR* 基因发生了突变,并因此成功进行了多巴胺和血清素前体(5-羟色氨酸)治疗。

图片来源:雷塔·比里(Retta Beery)。

有从根本上改善他们的病情。事实上，他们的健康状况在缓慢恶化。多年后，他们终于进行了一次基因组测序，发现他们的 *SPR* 基因的两个拷贝中都有一个发生了突变。*SPR* 基因参与多巴胺和血清素的生成。这一发现表明，除了多巴胺，补充血清素可能是有益的。于是，医生让这对双胞胎服用了血清素前体和多巴胺，这显著改善了他们的健康状况，现在他们的病症几乎已经消失了。与尼克拉斯·福尔克尔的情况类似，比里双胞胎的基因组测序为有效治疗提供了重要信息。

医疗用具

Photo on Pexels

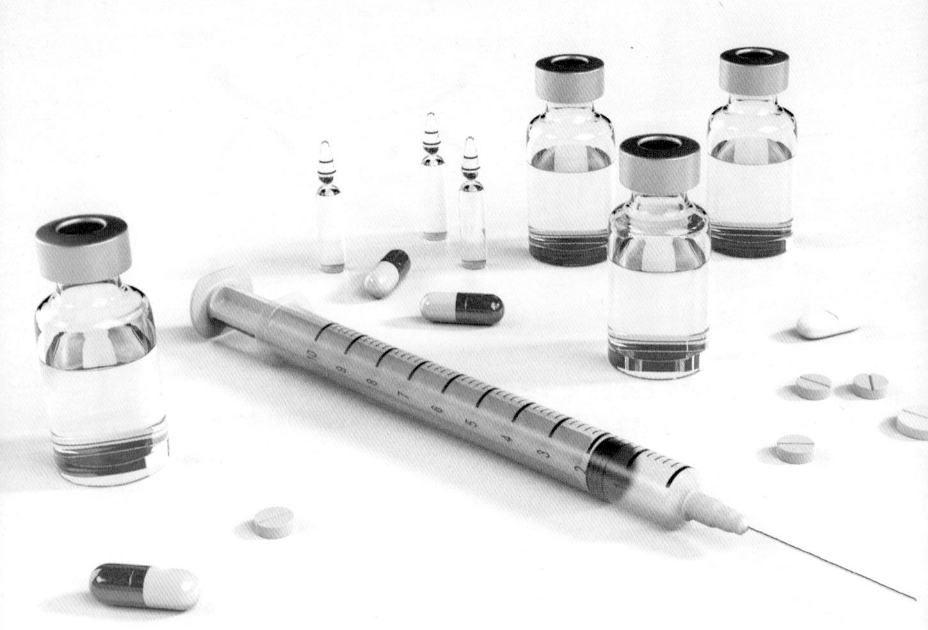

不幸的是,与这些例子不同的是,在绝大多数病例中,致病突变的发现并不能带来有效的治疗。尽管如此,几乎在每个发现致病突变的病例中,这些信息对患者及其家人仍然是有价值的。寻找到一个科学的解释通常会给患者及其家人带来相当大的安慰。对于一些个人和家庭来说,这些信息有助于规划未来的怀孕计划。一些人选择使用体外受精和基因测试来选择不含致病突变基因的胚胎。通过从早期胚胎中分离出几个细胞,再从这些细胞中扩增出感兴趣的 DNA 区域,并进行 DNA 测序,可以进行体外受精胚胎筛选。筛选不含致病突变基因的胚胎(或在隐性突变的情况下,胚胎携带至少一个受影响基因的正常拷贝),用于着床植入。因此,虽然原始的基因组信息可能不会直接使受影响者受益,但在计划生育方面可能是有用的。最后,在某些情况下,疾病突变的识别可能有助于预测个体疾病的可能病程和长期预后。

为什么大多数孟德尔病都得不到有效解决?

如上所述,在 70%~75%的病例中,我们没有发现隐藏在神秘的遗传病中的致病突变,因为造成这种困境的原因可能有很多种。一个重要的原因是,通常一个个体基因组存在许多变异,以至于对于某一疾病,很难缩小其致病变异(一个或多个)的范围。通过预测得到可能的有害突变(例如,使基因产物失活的突变),然后将重点放在这些突变上,可以获得较少数量的候选致病变异体,其数量通常在5至20个之间。

对更多的受影响和未受影响的家庭成员进行分析,有助于进一步削减候选致病变异的名单。在某些情形下,遗传病的临床特征会提示我们哪些潜在的分子机制可能被破坏,因而可以根据候选致病变异对这些机制已知的或预测的贡献,来对它们进行排序。例如,一个候选突变的基因在某只小鼠体内被广泛研究过,如果对应的人类基因的突变导致了与正在研究的遗传病相似的性状,则表明该变异可能是致病的。然而,对于只有少量家庭成员可供分析的患者,以及具有更普遍临床特征的疾病,如发育迟缓,往往很难确定是哪种突变导致了疾病。

如果有两个或更多儿童具有共同症状,则表明他们患有相同的疾病,确定罕见疾病中可能的致病突变的一个有效方法是比较他们的基因组测序信息。如果这些儿童在同一基因中有致病变异,那么这些变异很有可能是致病的。这些“重复出现”

的罕见突变非常有用,因为面对两个患有非常相似的罕见疾病的儿童,在同一基因中发生罕见的破坏性突变,并且这些突变不是致病原因的可能性很小。即使这些儿童在同一基因中没有候选的致病变异,如果他们在具有相似作用的基因中有变异,那么这些变异也很可能是致病的。例如,许多与听力损失有关的基因与内耳结构有关,而许多与心肌病有关的基因与心肌结构有关。如果预测的有害突变分别出现在内耳或心肌细胞的那些起作用的基因中,那么这些基因突变可能就是罪魁祸首。

在一个有趣的例子中,我们用经常出现的基因突变来确定导致儿童患病的原因。我们对一个患有发育迟缓的儿童以及她的未受该疾病影响的父母的 DNA 进行了测序(如图 5.3 所示)。这对父母多年来一直在四处求医。然而在将名单缩小到 8 个可能的基因突变后,依然不清楚是哪一个基因突变导致了这种疾病。接下来,另外一个家庭报告了全国第 2 例发生类似疾病的孩子,在 8 个可能的基因中发现同一个基因 *NGLY1* 发生了突变。配对成功了,导致疾病的原因找到了! 这个故事说明了家庭成员的贡献和分享信息的重要性。

对许多候选基因变异进行排序的过程非常复杂,因此还有

图 5.3 格雷丝·威尔西(Grace Wilsey)的照片。在对她的 DNA 中的数千个基因变异进行筛选后，发现了 8 个候选的基因突变。在杜克大学对另一个具有相似特征的儿童的 DNA 进行测序后，发现同一个基因 *NGLY1* 发生了突变，从而确定了致病突变和受影响的基因。

图片来源：马特(Matt)和克里斯滕·威尔西(Kristen Wilsey)。

一些神秘的遗传病可能仍未解决，这是因为我们最初没有发现与这些疾病有关的任何基因变异。目前的测序技术并不包括 100%的基因组；此外，不同的测序方法有不同的局限性。外显子组测序只会分析基因组的蛋白质编码区。这些蛋白质编码区只占基因组 DNA 的 1%～2%，因此不能检测到影响非蛋白质编码的 DNA 区域(例如调节特定基因表达的 DNA)的基因变异。此外，基因组拷贝数变异(即是否存在一个基因的额外拷贝)和其他结构变异更难用外显子组测序来检测。全基因组测序能更好地检测这些变异。外显子组测序对蛋白质编码区的覆盖深度要比全基因组测序大得多(外显子组测序对每个碱基的平均测序次数为 80 倍以上，而全基因组测序的平均次数为 30 倍以上)，从而为检测编码区内的变异提供了更高的灵敏度。

6　复杂遗传病

什么是复杂遗传病?

尽管我们在确定对某一特定疾病有强烈致病作用的单基因变异方面已经取得了很大进展(例如,*CFTR* 突变对囊性纤维化的影响和 *HEXA* 突变对泰-萨克斯病的影响),然而,携带这些有害基因变异的个体数量还是很少。更常见的情况是,单个基因的变化对疾病的影响很小,对于大多数常见疾病,人们认为是个体的多个基因变化或基因变化与环境因素共同导致疾病。与单基因疾病(也称孟德尔病)不同的是,我们将那些受多种因素影响的疾病称为复杂遗传病。复杂遗传病的例子包括 2 型糖尿病、自闭症、精神分裂症、阿尔茨海默病、冠心病和抑郁症等。

对于哪些基因和环境因素共同作用会导致引起哪种复杂疾病,以及它们对一种疾病的作用有多大,我们的了解通常是有限的。相关数据一般是不完整的,因而需要根据风险分析机构或公司提供的数据来进行深入解析和阐释。因此,我们在评估一个人罹患某一特定复杂疾病的总体风险时,可能会或多或少考虑不同的遗传风险因素。此外,单个的风险因素如何相互作用(即它们的影响是相互独立的、协同作用的还是相互对抗的)一般都没有得到充分的认识。因此,尽管不完善,但在缺乏更完整信息的情况下,一个简单的加法模型(基于风险因素对疾病风险具有完全独立影响的假设)常常被用来确定复杂遗传病的个体综合遗传评分(详见图 6.1 中的例子)。

对于复杂遗传病,现代基因组医学的下一个前沿领域是确定那些导致个体疾病的所有因素(包括遗传和环境因素)——哪怕影响很小,并阐明这些因素是如何相互作用的。

正常的血糖吸收(左)及2型糖尿病的胰岛素抵抗(右)

Photo by Manu5 on Wikimedia Commons

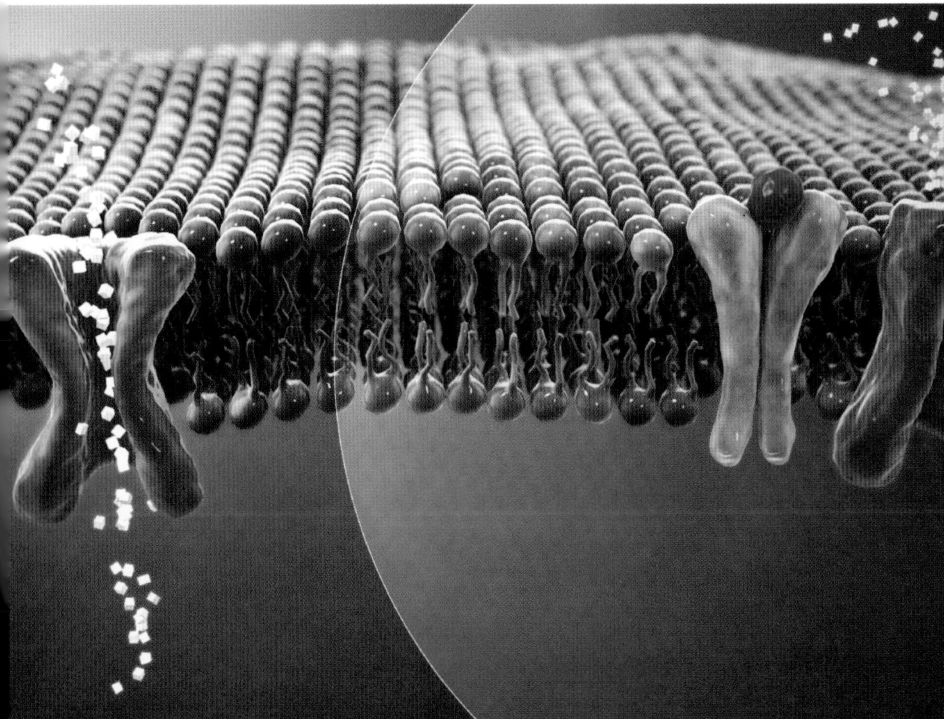

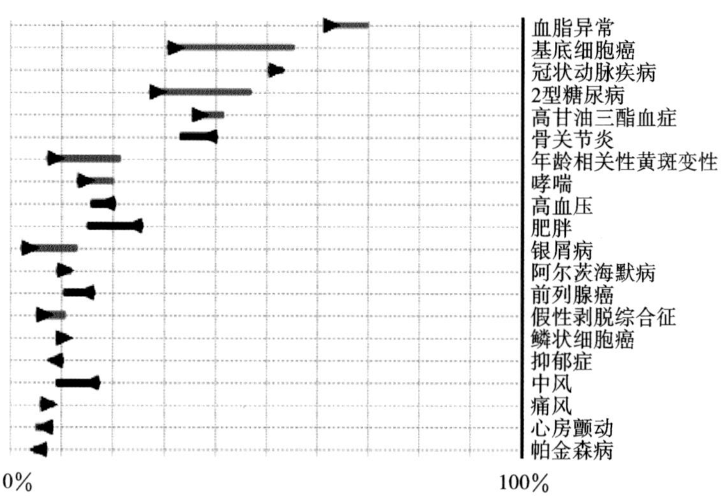

图 6.1 一位男性(作者本人)的 Risk-O-Gram 图显示该男性有患 2 型糖尿病的风险。人们的 DNA 变异会增加或降低他们罹患许多常见疾病的概率。三角形表示起点，也就是在缺乏基因组序列信息的情况下，根据受试者的种族群体估计其一生中罹患这种疾病的风险。通过考虑遗传变异信息，罹患这种疾病的风险可能会增加，这通过向右延伸的条形表示；同样，如果风险降低，就通过向左延伸的条形表示。因此，这位男性患高甘油三酯血症和 2 型糖尿病的风险更高(患者确实同时患有这两种疾病)，而肥胖的风险降低(患者的体重指数正常)。请注意，这是疾病风险估计结果的部分列表。这一列表可以延伸到 100 多种常见疾病。

复杂的基因是如何影响神经系统疾病的?

许多神经系统疾病都是复杂遗传病,例如自闭症、精神分裂症、抑郁症、双相情感障碍和晚发型阿尔茨海默病等。这些疾病涉及多个基因,这很可能反映了人类行为和认知背后复杂的生物学过程。无论遗传还是环境,都可能会以多种方式干扰这些过程。但同时又可能存在许多补偿机制来掩盖这些干扰

阿尔茨海默病老年患者的海马神经出现了纤维缠结
Photo by Patho on Wikimedia Commons

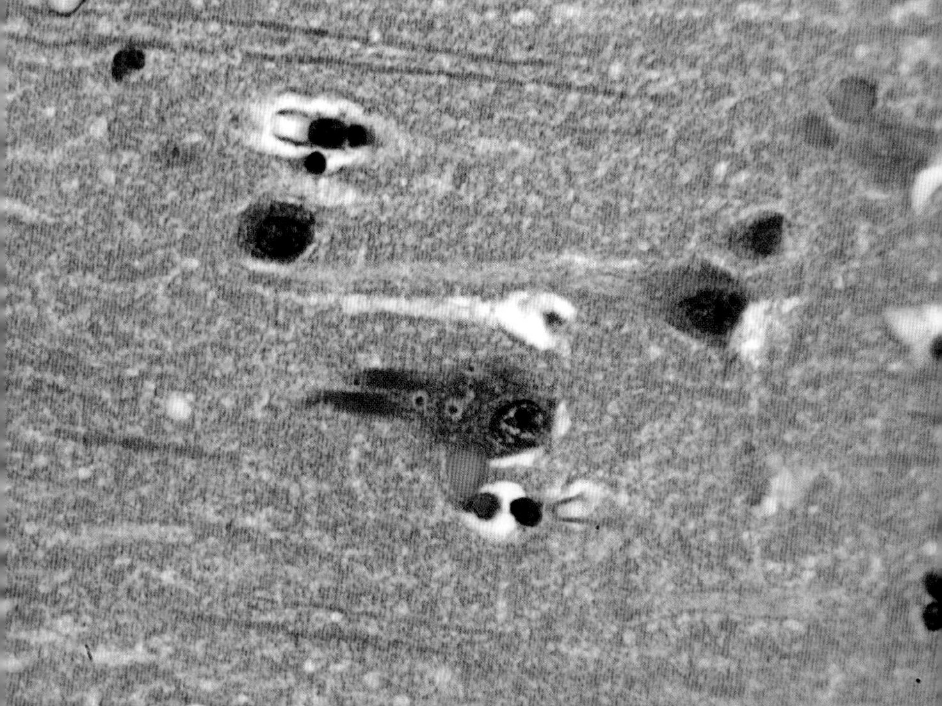

带来的影响。因此,疾病的发生不是由哪个因素单独造成的,而是由多种因素共同促成的。

基因图谱研究,以及用于寻找拷贝数变异的外显子组测序和基因测序,已被用来帮助识别与各种神经系统疾病有关的基因。成千上万的自闭症或精神分裂症患者,以及他们的家庭成员,都接受了 DNA 分析。有一些基因已经被确认会在某些神经系统疾病中出现更多的突变。到目前为止,研究显示已有 370 多个候选基因与自闭症有关,200 多个候选基因与精神分裂症有关。人们还发现,基因拷贝数的变化可能与疾病有关,基因数量可能是导致自闭症的一个重要因素。许多与自闭症和精神分裂症有关的基因都与神经突触功能有关;突触是神经细胞相互沟通的连接点,因此对大脑的正常运作很重要。有趣的是,与自闭症和精神分裂症有关的基因位点有很多重叠,这表明这两种疾病有一些共同的特征。目前有大量研究正在进行中,以确定与这些疾病相关的更多生物通路。

最近,我们实验室使用了一种新的方法来识别自闭症谱系障碍背后的分子网络。这种方法从本质上说是利用蛋白质相互之间的物理作用以及协同工作的现有信息来创建一张“相互作用图谱”。在把已知与自闭症有关的基因都定位在这个相互作用图谱上之后，发现其中的许多基因都被映射到了一个特定的分子网络模块上。进一步，对这个自闭症模块中的基因通过参考一份大脑图谱来预测其表达模式，该图谱详细说明了哪些基因在大脑中的哪个部位进行表达。我们发现，除了皮层神经元外，自闭症模块基因主要在胼胝体和少突胶质细胞中表达，这些区域和细胞通常不被认为与自闭症有关。因此，这种新的整合组学方法建立了一个复杂疾病背后的分子网络(而不仅仅是一个或多个基因)，并为这一分子网络如何发挥作用提出了新的见解。它还提供了一种新的通用方法，可以用来帮助破译其他复杂遗传病。

尽管人们已经为了解神经系统疾病的遗传基础付出了大量的努力，但与其他复杂疾病一样，迄今为止还没有一种强有力的预测性的基因测试来帮助识别高风险个体。如果我们掌握了这些信息，我们就可能筛选出高危对象并尽早地发现疾病，而且有可能通过早期干预来改善结果。事实上，尽管有大量的基因与复杂的神经系统疾病有关，但只有不到10%的基因被发现。可能还有更多的基因有待发现。此外，多基因组合效应(即基因与基因相互作用)和基因与环境之间的相互作用导致了许多复杂的疾病，将这些因素整合到疾病风险中的综合评估还处于起步阶段。

复杂遗传学如何影响代谢性疾病?

糖尿病和肥胖等复杂的代谢性疾病患者在总人口中所占的比例高得惊人。大量的科学研究正在致力于揭示导致这类疾病的基因和环境之间复杂的相互作用。1 型糖尿病通常在儿童期或青年时期发病,涉及产生胰岛素的胰岛 β 细胞受到损伤;相关基因包括与免疫功能(如人类白细胞抗原)和 β 细胞功能有关的基因。1 型糖尿病患者通常会产生抗体,攻击胰岛 β 细胞上的蛋白质,从而损伤胰岛 β 细胞。2 型糖尿病是随着机体对葡萄糖调节因子胰岛素的反应失控并逐渐恶化而产生的。虽然 2 型糖尿病与肥胖密切相关,但也有重要的遗传因素在起作用。并不是所有肥胖的人都会患上 2 型糖尿病,相反,许多瘦弱的人也会患上这种疾病。我们目前对这些个体的独特性知之甚少。肥胖本身是非常复杂的,尽管饮食和运动是很明显的影响因素,但最近的研究已经表明遗传因素,甚至肠道微生物种群的组成都有影响。还有一种相对较罕见的糖尿病,被称为 MODY,指的是在年轻人中出现的成年型糖尿病。它通常与少数基因(约 10 个)中的一个突变有关,这些基因突变会降低胰腺产生胰岛素的水平从而导致疾病。MODY 是一种单基因遗传病而不是复杂遗传病。

为了分析 1 型糖尿病、2 型糖尿病、肥胖和其他一些代谢紊乱类疾病(如胆固醇升高),研究人员对数千人进行了大规模的基因图谱研究。这些研究已经鉴定出与这些疾病相关的 100 多个基因。然而,与复杂的神经系统疾病一样,对每个病例,尽管已经鉴定了许多相关基因,但这些基因加起来的总遗传贡献率仅为 10%～20%(视不同疾病而异)。因此,还有更

1型糖尿病患者分泌胰岛素的胰腺细胞释放出被树突状细胞吸收的外泌体
Photo by Manu5 on Wikimedia Commons

多的基因有待发现。重要的是,正如后面基因与环境及传染性疾病章节所述,对每一种疾病来说,环境因素和病原体感染都是疾病的诱因。因此,基因与基因或基因与环境之间的相互作用很可能是导致这些疾病的原因之一。总体而言,由于引起复杂疾病的因素众多,每个人都有罹患这些疾病的风险,这一切取决于个体的遗传基础和环境因素的影响。

会有疾病既是单基因导致的,又是复杂因素导致的吗?

应该指出的是,大多数疾病,其遗传上的致病因素存在一个从少(如单基因或者孟德尔病)到多的分布。也就是说,一些高穿透力的基因突变可能与某种疾病密切相关,而受其他突变的影响较小。例如,在癌症、阿尔茨海默病和心脏病这些疾病中,单基因和复杂形式的遗传致病因素在不同的家族中都出现过。这些不同的形式会有不同的疾病影响。以阿尔茨海默病为例,在早发病例中,*APP* 或早老素-1 或 2 基因中的特定突变几乎总是导致家族性疾病。也就是说,如果一个家庭成员患有这种疾病,而其孩子基因也有同样的突变,那么这个孩子很有可能在相对年轻的时候就会患上阿尔茨海默病。

对于晚发型阿尔茨海默病，情况更为复杂。与晚发型阿尔茨海默病有关的一个主要基因是载脂蛋白 E 基因（*APOE*）。25%～30%的人携带一种与晚发型阿尔茨海默病密切相关的基因突变，被称为 *APOE4* 的变异。没有携带这种基因突变的男性患这种疾病的概率为 17%，只有一份基因拷贝携带该突变的男性患这种疾病的概率为 25%，而两份基因拷贝都携带该突变的男性患这种疾病的概率为 60%。虽然约有 40%的阿尔茨海默病患者存在 *APOE4* 等位基因，但这并不是导致晚发型阿尔茨海默病的唯一因素，因为许多携带两份这种等位基因的人不会患上这种疾病。同样，许多其他患有这种疾病的人也没有携带 *APOE4* 等位基因。因此，其他遗传和环境因素也会促发晚发型阿尔茨海默病，并且有相关研究已经确定了许多其他影响较低的遗传位点。有趣的是，关于 *APOE*，也有一些等位基因（*APOE2* ）具有保护作用，能降低阿尔茨海默病的患病概率。因此，各种基因的突变都可能导致家族性疾病，同时，这其中存在主要和次要的遗传风险因素。

年龄相关性黄斑变性和自闭症，是另外两个具有主要遗传成分及其他次要等位基因的复杂疾病或综合征的例子。年龄相关性黄斑变性可能会导致失明。在这种疾病中，一半的遗传病例来自一个主要的基因位点(*HTRAX*)。对于自闭症，有一些突变会在儿童中引起强烈的自闭症样效应(例如，患有雷特综合征和安格尔曼综合征的儿童分别携带*MECP2*和*UBE3A*基因突变)。也有许多其他基因突变本身可能不会引起疾病发生，但与其他基因突变或环境因素一起则可能引发疾病。总而言之，对于大多数疾病来说，可能存在一系列影响程度不同的风险基因，既包括那些影响非常大的基因，也包括那些影响小得多的基因。

7 药物基因组学

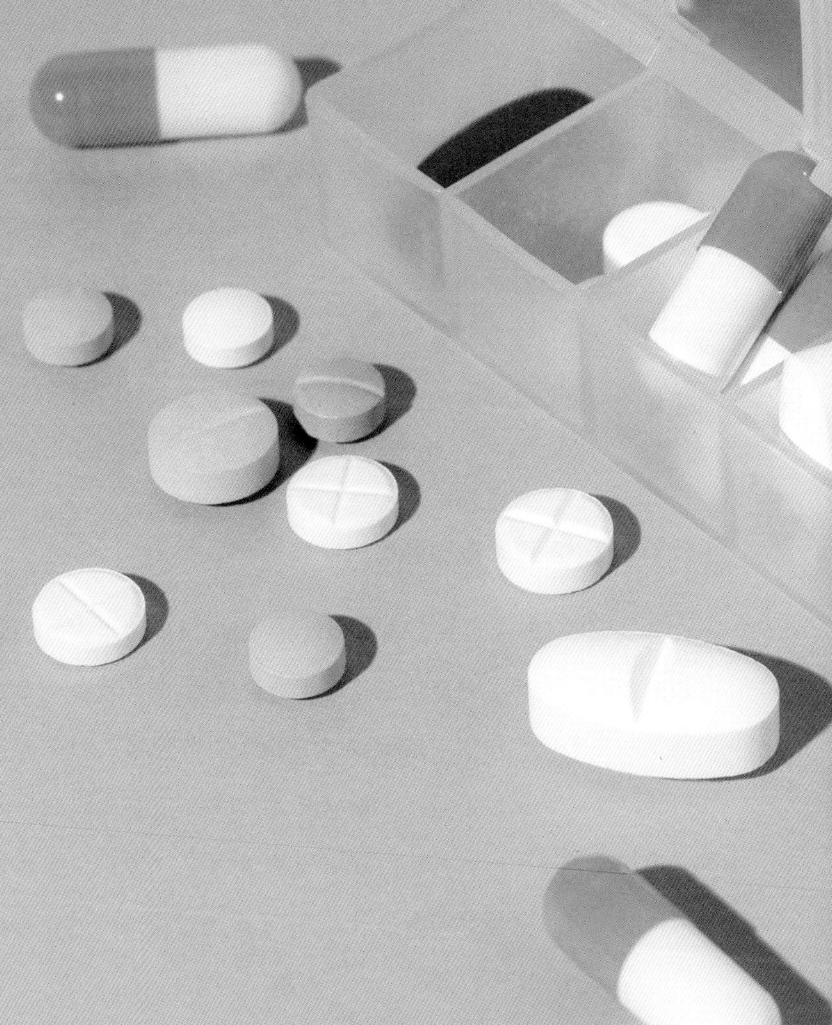

基因组信息如何帮助我们了解疾病并优化药物治疗？

如前所述，基因组学的研究可以对癌症和疑难杂症类疾病的药物治疗产生直接影响。在癌症患者中，可能会利用患者的DNA序列信息来指导化疗或者针对患者受遗传（或表观遗传，我们将在后面讨论）影响的通路进行靶向治疗。对罕见的未确诊疾病也是这样的治疗思路，治疗方法可以配合基因组信息，前面描述的比里双胞胎患脑性瘫痪的治疗就是利用基因组信息指导治疗的典型案例。

我们的DNA可以指导药物治疗吗？

我们的DNA也会影响药物代谢、副作用的产生以及药物之间的相互作用。这些信息是非常有价值的，因为错误的药物剂量或危险的副作用可能会造成危及生命的后果。科学家们针对这一领域已经进行了大量研究，到目前为止已经发现了几百个影响药物反应的基因。在这些基因中，许多基因编码诸如细胞色素P450s这样的蛋白质，它们一般通过修饰天然化合物来制造激素，或者帮助我们清除体内的毒素。我们的基因组中有 80 个 *CYP* 基因编码细胞色素 P450s。这些蛋白质会直接修饰药物，或者修饰患者服用的药物前体来影响药物代谢，从而影响可在体内发挥作用的药物剂量。其他影响药物反应的是基因编码转运蛋白，这些转运蛋白要么将药物运送到我们的细胞中，使药物生效，要么将药物从细胞中驱逐出去，使它们不能达到预期目标。

被研究得最多的基因影响药物剂量的案例之一就是华法林（也称为香豆素）。华法林是一种抗血栓药物，用于治疗血管中存在血栓风险或血栓风险加重的患者，也用于预防因心律失常或机械瓣膜置换而在心脏内形成血栓的情况。华法林的代谢受 *VKORC1* 和 *CYP2C9* 两个基因的影响。前者启动子中的变异（-1639G>A SNV）会导致产生的蛋白质减少，因此需要较少的华法林来充分稀释患者的血液。对 *CYP2C9* 来说，它的两个突变体 *CYP2C9* *3（I359L）和 *CYP2C9* *2（R144C）对药物的代谢速度都比较慢，因而携带这些变体的患者通常也会服用较低剂量的药物。因此，基因筛查在理论上有助于控制好药物的用量，降低因血液过度稀释和由此引起的无法控制的出血而导致的发病率和死亡率。

另一个例子是药物他莫昔芬，该药物主要用于治疗内分泌反应性乳腺癌。患者术后使用他莫昔芬，能大大降低癌症复发率。他莫昔芬的代谢由 *CYP2D6* 基因的产物细胞色素 P4502D6 完成。根据患者的 DNA，*CYP2D6* 活性低的患者是低代谢者，活性高的患者是高代谢者。美国食品药品管理局批准的一项基因测试，可以用于发现 *CYP2D6* 基因变异，从而可以帮助指导他莫昔芬的用药。然而，迄今为止仍缺乏研究数据来证明该测试在改善患者预后方面的作用，这也是保险公司拒绝为这项测试买单的原因。

除了对药物疗效有影响外，遗传也可能影响药物的副作用。许多动脉粥样硬化患者会服用他汀类药物。这类药物有一种已知但相对罕见的副作用，即引起肌肉组织损伤（横纹肌溶解）进而导致肌肉灼烧感（肌肉疼痛）。目前科学家们已经发现了多个可以调节个体对这种特殊不利影响的易感性突变，其中有一个突变似乎是针对某种广泛使用的他汀类药物。因此，在理论上，患者的基因信息可以用来帮助医生选择他应该服用的药物。有趣的是，医学界对这些发现的普遍态度是不建议任何新患者服用最高剂量的他汀类药物，这是一种一刀切的解决方案，而另外的办法则是根据遗传信息进行个性化治疗。

必须指出,几乎所有药物都有副作用。因此,剂量的改变往往同时带来副作用的改变。基于这些原因,一个比较有用的方案是逐步增加药物剂量使治疗效果达到最佳水平,同时药物剂量也不宜太大,以免引起额外的副作用。

最后,虽然似乎很显然,药物的选择和剂量可以并且应该根据一个人的基因组序列来进行调整,但目前很少有试验证实基因检测对药物治疗的好处。此外,即使在最明显的情况下,比如华法林的好处是显而易见的,试验有时也不支持基因检测的价值。产生这种情况的原因目前尚不清楚,但试验的操作方式可能起到了一定的作用。

药物作用是否存在性别差异?

所有种群中存在的一个主要遗传差异是将个体划分为两种性别。男性和女性对不同的药物代谢酶的表达水平不同;也就是说,许多细胞色素 P450s 在男性和女性的肝脏或肾脏中有不同的表达。此外,男性和女性体重不同。因此,男性和女性对药物的反应往往不同,这也就不足为奇。抗高血压药物、抗精神病药物和抗抑郁药物都被证明对男性和女性有不同的效果(如表 7.1 所示)。然而,令人惊讶的是,直到最近研究临床疗效时,科学家们才开始考虑性别差异。

表 7.1 男性和女性对药品不同反应的示例

药物	性别差异
他汀类药物	女性更易患心肌病
维拉帕米	女性血压下降幅度较大
氨氯地平	女性血压下降幅度较大
阿司匹林	女性中风的风险下降幅度较大，但心肌梗死的风险下降幅度较小

8　基因组学与人类健康

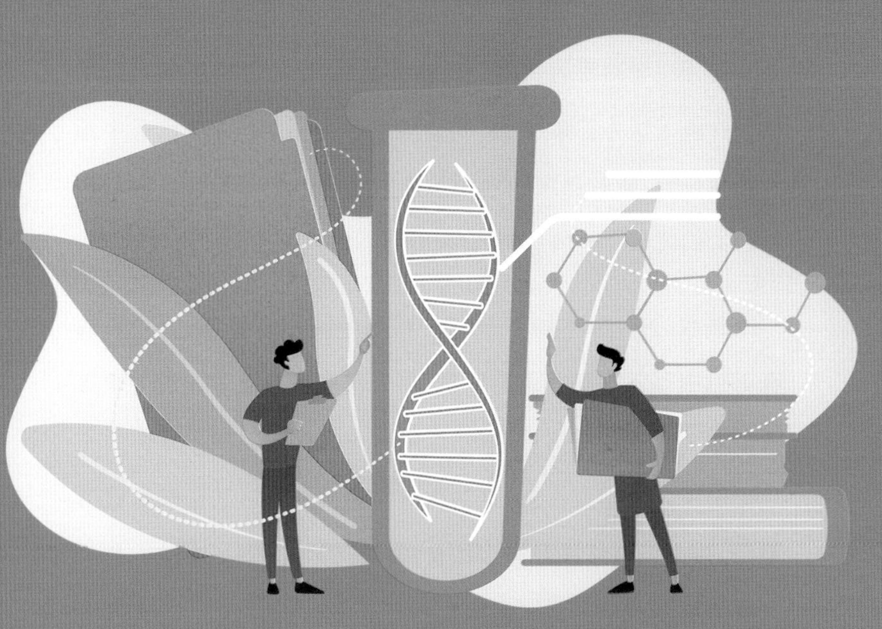

知道自己的基因组,可以帮助我们预防可能罹患的疾病,帮助我们选择更适合的工作、参加更适宜的运动和吃更健康的食物吗?下面我们来探讨,在身体健康的情况下,知道自己的基因组序列的作用。

如何通过基因组测序改善健康状况?

基因组学对患有疾病的人是有用的,但它对健康的人有用吗?许多人认为答案是否定的。他们认为很难从这些信息中预测疾病风险,并对测序技术和解读的准确性表示担忧。他们还担心人们收到这些信息后,会过分担心自己潜在的疾病风险。

然而,另一些人则有不同的看法。他们认为,从一个人的基因组中可以提取有用的信息,用来帮助指导这个人的健康管理。一个令人信服的论点是,家族史在医疗保健中已经得到了广泛使用。根据家族史,这些人通常会被建议对某些疾病保持警惕,并且经常被推荐遵循饮食和体育锻炼计划。难道一个人的基因组序列不应该比家族史更有效吗?

答案当然是肯定的。我们所有人的 DNA 中都有众多变异,其中的许多变异可能导致疾病,也就是说,没有一个人的基因组是完美的。事实上,我们每个人都携带至少 100 个导致基因失活的变异,所幸在大多数情况下,我们仍然有一个正常的基因拷贝。研究人员已经建立了一些方法来分析个体的基因组,以找到可以预测疾病的突变。图 8.1 总结了我们使用的预测方法的一个版本。通过详细分析个体的基因组,我们发现了以下几种类型的突变:

(1)已经被证明会导致高发病率疾病的基因中的突变,此外,实际发生的突变很有可能会干扰该基因的正常功能并导致疾病。对于这种情况,应该在基因组中搜索所有高致病率的变异,或者根据一个人的家族史,特别关注可能导致疾病的基因变异。

(2)那些存在于已知会导致疾病的基因中的突变,这些突变是新的或罕见的。计算机算法表明这些突变可能是有害的,但目前还不清楚这些突变是否致病。这些突变被称为“意义不明的变异”(variants of unknown significance,VUS)。

(3)“载体突变”,这种基因突变本身不太可能引起疾病,但可能会遗传给子女和孙辈并致病(例如,隐性性状或低显性性状)。

(4)药物遗传变异,可以预测个体对某一药物的反应水平或某一药物的潜在副作用(在前面第 7 章讨论过)。

(5)通过汇总与疾病有关的许多遗传位点的个体贡献,可以评估复杂疾病的风险。这种分析形成了前面所述的 Risk-O-Gram。

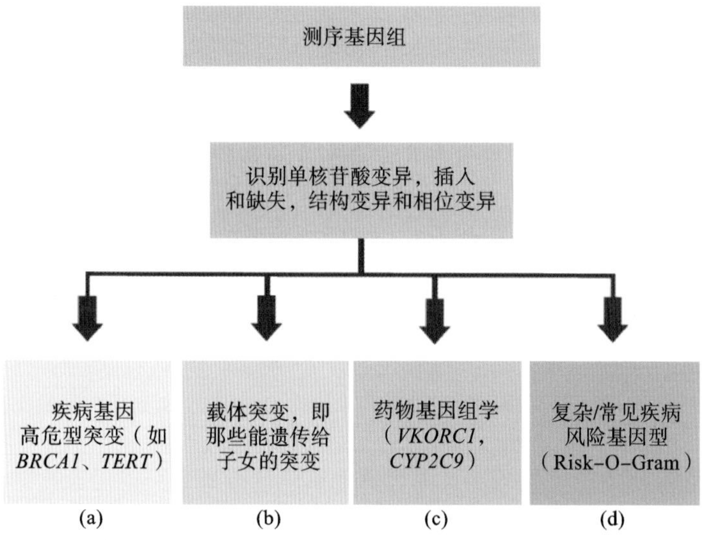

图 8.1 分析个体的基因组的策略。 对通过基因组测序确定的变异进行分析,以确定这些变异:(a)变异存在仅一个基因拷贝发生突变就会导致疾病的基因中;(b)变异会遗传给子女,与该基因第二个拷贝的突变同时出现可能导致疾病;(c)变异可能影响对某些药物的反应;(d)变异影响不大,但与其他变化合在一起时可能与复杂的疾病有关。对于场景(a)和(b),有时"已知"变异与疾病相关,有时新的变异出现在确定致病的同一基因中,但目前人们对它们是如何引起疾病的相关信息方面尚不清楚。这些意义不明的变异可能很难解释。

导致高致病率的突变的例子是已知的 *BRCA1*、*BRCA2*、*SHDB* 基因和早期阿尔茨海默病基因(如 *APP*、早老蛋白)中的致病突变。对于 *BRCA1* 和 *BRCA2*，这些基因中有许多已知的致病突变；携带这些变异的女性患乳腺癌或卵巢癌的概率超过 80%。对于 *SHDB* 的突变，发展为副神经节瘤的可能性很大。虽然人们认为这些突变应该能从家族史看出来，但实际情况并非总是如此。事实上，在我们最近进行的一项研究中，一位没有乳腺癌家族史的女性被确认携带 *BRCA1* 基因的一个失活突变。尽管原因尚不清楚，但她可能是从不易患上这种疾病的父亲那里遗传了这个突变，或者这个突变是“新生的”。她从自己基因组序列中得知了这个突变，并根据这些信息接受了手术。如果她没有进行基因组测序，就不会知道这个突变。

除了 *BRCA*、*SHDB* 和阿尔茨海默病基因外，许多其他突变也能准确预测疾病。美国医学遗传学与基因组学学会(American College of Medical Genetics and Genomics，ACMG)已经确定了 56 个基因，并建议将测序研究中的已知疾病突变反馈给受试者的医生，后者进而可以根据患者的意愿向他们提供咨询。这个列表可以很容易扩展到包括更多的已知致病突变的基因,其数量将随着更多的致病突变被发现而持续增加。

“意义不明的变异”是第二类突变。研究表明,人们通常有1到3个这种可能直接导致疾病的变异,如果考虑到携带者的状态,这个数字会更大。我们很难知道这些突变是否会导致疾病。然而,它们的识别可以引导后续测试,以确定这个人是否有可能罹患这种疾病。例如,在一个人的基因组中发现了*TERT*基因的一个变异,这表明他可能易患再生障碍性贫血(即一种血细胞的丢失)。随后的测试分析了该基因的活性(将特定序列添加到染色体末端)和血细胞的水平。研究人员发现他的染色体末端的序列稍短,然而他的血细胞水平一直正常,因此目前没有出现疾病症状。对于与年龄增长相关的疾病,携带意义不明的变异的患者可以警惕这些疾病的发生。

最后,从低效变异中可以推断出患复杂疾病的风险。在大多数情况下,这些变异可能会使一个人的患病风险从很低的值,如0.1%,增加到较高的值,但总值仍然很低,如1%。虽然患病风险增加了9倍,但这个人患这种疾病的风险仍然很低。目前,这些测试的准确性很难确定,但这些测试经常与基于家族史的推断结果相符。此外,在我(本书作者)的案例中,有一个预测被证明是准确的。我的基因组序列预测显示我有患2

型糖尿病的风险,但这种疾病在我的家族中并不常见。我是在一次呼吸道感染后确诊2型糖尿病的,由于意识到自己的遗传易感性,我及早发现并成功地控制了它,至少在初期是这样的(如图8.2所示)。就像意义不明的变异一样,复杂疾病的风险可以作为一种有用的预测指标,用来预测需要警惕的疾病,就像家族病史一样。

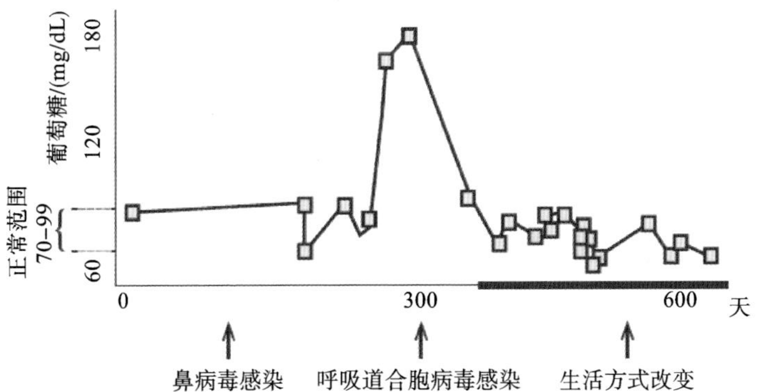

图8.2　基于我的基因组测序结果,Risk-O-Gram图显示我有患2型糖尿病的风险。通过跟踪我的血糖和糖化血红蛋白(HbA1c,稳态葡萄糖的一个指标)水平,我发现自己在一次呼吸道合胞病毒(RSV)感染后,葡萄糖和HbA1c水平明显升高(未显示)。一开始,我通过饮食和运动控制了高血糖,然而两年后血糖和HbA1c水平又回升了(未显示)。

在许多情况下,健康的人的基因组测序已经被证明是有价值的:用于预测疾病风险,尽早发现疾病,以及避免使用可能导致不良副作用的药物。因此，它有助于促进目前医学实践方式的转变，从对疾病出现后的治疗转变为采取更具预防性的方法。此外，随着我们对基因组解读能力的提升，基因组测序的价值将继续增加。

基因组测序能影响人们服用的药物吗？

即使一个人总体上是健康的，他也可能会偶尔甚至定期服用某些药物。例如，一名年轻女性进行了基因组测序，检测结果显示她携带一种会使她面临血栓形成风险的遗传变异。根据这一信息，医生建议她避免服用某些口服避孕药。在第二个例子中，一位患有心悸的患者被发现携带一种导致心脏电特性异常的遗传变异，称为长 Q-T 间期综合征。因此，医生建议这位患者今后要避免服用某些药物，包括一些常用的抗生素。既然我们已经对基因对药物反应的影响有了很多了解，那么我们还可以更多地了解药物的合适剂量和一个人应该避免服用的药物信息。

对一些人的基因组分析表明，一个人的基因组序列通常会包含 3 到 6 种药物相关的有价值的信息(如表 8.1 所示)。举例来说,对我本人基因组的分析揭示了与 2 型糖尿病有关的几类药物的有用信息:被广泛使用的糖尿病药物二甲双胍和美国的非处方药曲格列酮,我服用这两种药物的效果比一般患者的预期效果要好。基因组序列还显示,为避免产生副作用,我不应该使用某些他汀类药物。最后,我的基因组序列还包括前面提到的 *VKORC1*-1639G>A 突变,这个突变会增加华法林的血液稀释作用。虽然我可能不会服用这其中的某些药物,但是这些信息在未来都是有价值的。

表 8.1 个体基因中预测药物反应的变异实例

基因	单核苷酸多态性	患者的基因型	疾病	药物影响
CDKN2A/2B	rs1,08,11,661	C/T	2 型糖尿病	曲格列酮(β 细胞功能增加)
CYP2C19	rs1,22,48,560	C/T	动脉粥样硬化	氯吡格雷(激活效果增加)
LPIN1	rs1,01,92,566	G/G	2 型糖尿病	罗格列酮(效果增加)
SLC22A1	rs6,22,342	A/A	2 型糖尿病	二甲双胍(效果增加)
VKORC1	rs99,23,231(或-1639G>A)	C/T	动脉粥样硬化	华法林(使用较小剂量)

注:表中列出的单核苷酸多态性(由单核苷酸变异导致)是在血糖升高时我的基因组中发现的,这些变异可能与我的药物剂量有关。

基因测试可以用来预测运动表现和损伤吗?

遗传位点与运动成绩和运动损伤有关。身体耐力、力量和其他运动能力等复杂性状与遗传位点有关。有一种直接影响肌肉收缩的基因 α-肌动蛋白-3(*ACTN3*)可能会影响力量,该基因的变异会影响到短跑运动员的成绩。

参与能量利用和缺氧的基因已被证明与身体耐力有关,其中许多基因都会影响新陈代谢和线粒体功能。这些发现并不意外,因为线粒体参与了能量的利用和生产。有关“耐力基因”的例子包括 *PPAR-δ* 基因,该基因编码一个参与能量利用过程的关键调节因子,该因子的一个变异(294T/C)会影响耐力;*GYS1* 基因能产生骨骼肌糖原合成酶;除此之外,还有 β_2-肾上腺素能受体基因等。同样,与缺氧(对低氧的反应)相关的基因变异也与耐力有关。据推测,这些变异会影响人们长时间进行肌肉运动时的能量利用效率和耗氧量。

遗传特征也与运动损伤有关。肌腱疾病与血型和胶原基因(肌腱的结构成分)有关,胶原蛋白变异与韧带撕裂的倾向有关。有心肌病风险的人可能会因体力消耗而死亡。事实上,曾经发生过这样一起案例,该案例在当时备受关注。1993 年,美国波士顿凯尔特人队的雷吉・刘易斯(Reggie Lewis)在训练期间猝死,他被诊断为患有肥厚型心肌病(一种已知有遗传基础的疾病)。近年,有研究显示,参加足球和拳击运动的人的头部受到打击可能会引起阿尔茨海默病或帕金森病。因此,对有相关疾病患病风险的高危人群进行筛查的好处是显而易见的,出于健康考虑,他们最好不要选择从事这种娱乐或职业活动,或者,他们可以调节训练方式以尽量减少受伤甚至死亡风险。然而,实际上,许多想要从事这些活动的人可能会因为担心无法从事这些活动而选择不参加检查。

我们的基因组测序会影响孩子和其他亲属吗?

我们体内都存在基因突变,基因组序列会揭示这些突变。基因组序列不仅能预测一个人患疾病的风险,而且能间接地影响到他的亲属。他的孩子将会从他那里继承一半的有害变异,另一半有害变异则来自他的配偶(具体是哪一半则是未知的,但可以通过测序来确定)。同样,他会和他的兄弟姐妹共享一半 DNA,也会和他的父母共享一半 DNA。因此,一个人所了解到的他自己的情况，也可以为其他家庭成员提供一些疾病风险的信息。从这个意义上讲，这很像家族史，家族中的遗传病是由于共享 DNA 而传播的。

然而，必须指出的是，孩子罹患某一特定遗传病的风险与其父母的风险并不完全相同，因为父母与其子女之间只共享部分遗传信息。遗传易感位点会随机传递给子女，所以子女可能不会遗传突变。因此，父母有遗传病并不意味着孩子一定会患上这种疾病。*BRCA1* 突变就是一个很好的例子。如果一位母亲有这种突变，她的孩子将有 50％的概率遗传这种突变，这个概率大于在普通人群中出现的概率(通常每 400 人中就有 1 人)。

9 产前检测

基因组测序技术是如何改变产前检测的?

近年,基因组学正在革新的实践领域之一是产前DNA检测。作为一种常见的方法,产前DNA检测可以用来监测胎儿是否可能有染色体数目异常(非整倍体),这种情况在大约每160个新生儿中就会发生一次。产前DNA检测也可以帮助我们识别基因突变。产前DNA检测通常应用于因家族史或母亲年龄较大(例如大于35岁)而有较大可能出现遗传异常的情形。21三体综合征(即唐氏综合征)、18三体综合征和13三体综合征分别是具有多余的21号、18号和13号染色体遗传异常的例子,这些也是最常见的染色体非整倍体的例子。特纳综合征是女性缺乏X染色体的第二个拷贝所引起的。染色体非整倍体的后果在不同的综合征患者之间的表现差异很大,有的患者可能会出现智力障碍等症状或患先天性心脏病和不孕症等疾病。

目前,几乎所有的产前检查都是通过羊膜腔穿刺术或绒毛活检术进行的。羊膜腔穿刺术是用针头从胎儿周围的羊水中收集含有胎儿细胞的液体,而绒毛活检术则会采集胎盘样本。接下来,医生会分析采集得到的样本细胞,以获取染色体数目或结构改变的信息。然而，这两种检查都是侵入性的，有导致流产的风险(当然，流产的风险较低)。

最近一项涉及基因组学技术的测试，即无创产前基因检测(noninvasive prenatal testing，NIPT)，正在彻底改变胎儿的基因检测过程。我们已经知道，胎儿的细胞可以在母亲的血液中循环，后来又有研究发现，在母亲的血液中也可以找到胎儿的DNA。在怀孕早期，这一比例非常低，怀孕 5 周时，血液中 3%～4%的游离 DNA 来自胎儿，到怀孕 8 个月时，这一比例上升为 10%～15%。随着高通量测序(high-throughput sequencing)技术的出现，现在可以从母亲的血液中分析胎儿 DNA，这是因为胎儿 DNA 中的父源序列具有不同于母源 DNA 的变异。最初，建立这种方法是为了识别基因拷贝数变异。因为出生时带有非整倍体很常见，并且基因的复制或缺失可能会对发育和健康产生影响，所以检测基因拷贝数变异特别重要。通过高通量测序可以相对容易地实现对染色体非整倍体的检测(如图 9.1 所示)。事实上，美国食品药品管理局批准了一项产前诊断试验，用于检测母亲血液中的 21 号、18 号和 13 号染色体三体。该方法准确度高，其灵敏度大于 99%，并且假阳性不多。此外，这种技术还可以检测到更小的染色体异常，不过目前美国食品药品管理局还没有批准相关测试。

无创产前基因检测的优点是过程非常简单，而且可以使用在常规产前检查中抽取的血液来进行。这项测试适用于所有孕妇，以后也可能成为一项常规检查，这只是时间早晚问题。有些妇女可能会拒绝无创产前基因检测，但更多的父母会选择这种检测以了解他们的孩子是否会患严重的遗传病。

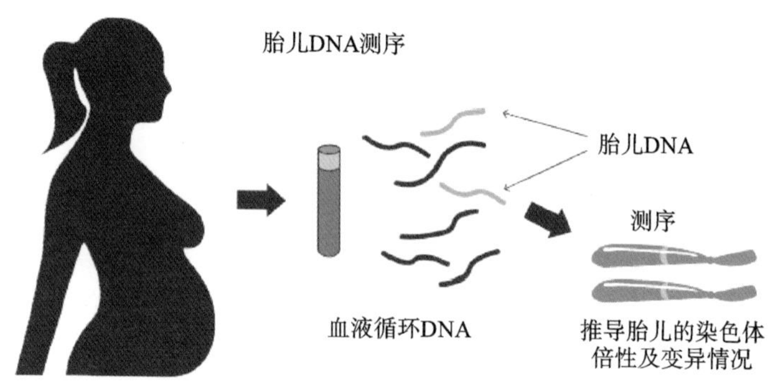

图 9.1　循环胎儿 DNA 基因组分析的一般策略。在整个妊娠期间，胎儿 DNA 在孕妇体内循环。从血液（即血浆）中提取总 DNA 后测序，并推导出胎儿的 DNA 序列。目前，这项测试被批准用于检测胎儿的染色体非整倍体异常，并且相关技术也可以用于在胎儿出生前对其进行全基因组测序。

除了染色体异常外，基因组测序还能用来识别其他可能导致疾病的突变吗？

由于高通量测序技术具有高灵敏度和低成本的特点，现在已经可以做到在胎儿出生前确定胎儿的全基因组序列。虽然从母亲血液中获得胎儿 DNA 进行基因组测序可能不如用胎儿本身的 DNA 来测序那么准确，但产前基因组测序提供了在孩子出生前无创预测疾病风险的机会。这一测试提出的问题与上述针对任何健康的人提出的问题相似，但也有重要的区别。与新生儿、儿童或成人基因筛查相比，产前筛查的一个显著区别是父母可以选择终止妊娠。正如后面更深入的讨论所谈到的，几个伦理问题出现了：为了终止妊娠，产前筛查需要有多大程度的可信度？是否适合对非疾病状况（如身高或发色）进行筛查并采取干预措施？即使胎儿被诊断出有疾病风险，父母还是决定继续妊娠，对疾病风险的了解也可能会影响孩子出生后父母对待孩子的方式。如果父母认为他们的孩子有患特殊疾病的风险，他们可能会陷入对孩子过于担心或过度保护的误区。在某些情况下，这种行为可能是有益的，但在另一些情况下，过度保护的行为可能是有害的。

基因检测有利于优筛更健康的胚胎吗？

除了产前基因组测序，我们现在甚至还可以在胚胎植入母亲的子宫之前就分析早期胚胎的 DNA。具体地说，在体外受精后，可以从早期胚胎中取出少量的细胞（1～6），并通过基因检测进行分析。这一过程可以在受精后第三天对一个 8-细胞胚胎进行活检，或者在第五天对胚泡的滋养外胚层进行活检。在美国，胚胎活检通常发生在第五天，并且一般只会检测一个或几个基因。

目前，胚胎的基因检测只在几种情况下进行。在生育了一个患有严重遗传病的孩子的情况下，父母往往会求助于体外受精和胚胎检测，以避免生出第二个患有同样疾病的孩子。同样，如果父母是某种特定疾病的基因携带者，同时还想确保他们的孩子没有与生俱来的遗传病，也可以选择体外受精筛查。体外受精通常被用来帮助解决不孕问题，也可以筛选排除染色体非整倍体的胚胎。实际上，尽管一些染色体非整倍体胚胎可以发育并成功分娩，但大多数染色体非整倍体胚胎不能被成功植入体内，许多胚胎会自然流产。通过对染色体数目正常的胚胎进行筛查，我们可以提高体外受精的成功率，同时也可以提高生育不携带染色体非整倍体相关遗传病孩子的可能性。

尽管现有技术还不能达到完全准确或完整，但可以实现从一个或几个细胞中确定 DNA 的基因组序列。因此我们可以在体外受精胚胎植入体内之前,先确定其整个基因组序列。我们在未来是否会看到这样一个世界:部分婴儿是通过体外受精并进行胚胎检测筛选后出生的,只有那些不携带明显致病变异的受精卵才会被植入母亲体内?这当然是可能的。由于具备这种通过基因筛选后代的能力,人们可能会提出一些与人类疾病无关的特征选择问题,如眼睛的颜色、身高、运动能力、智力等,以及人们对这一技术有更多了解后逐渐增加的其他特征要求。这些可能性引起了对人们将会如何正确使用基因信息的伦理性问题的关注,本书后文将会对此进行讨论。

理论上,我们可以通过插入或修改遗传物质来修改胚胎。出于研究目的,这些工作在老鼠或其他哺乳动物中都进行过,如插入基因以修复相关遗传缺陷(如老鼠的囊性纤维化),或者增强性状(如生产转基因牲畜)。有一种"报告基因"甚至被植入黑猩猩的胚胎里。但需要注意的是,从全球范围来看,多数国家都明令禁止对人类胚胎进行基因编辑。

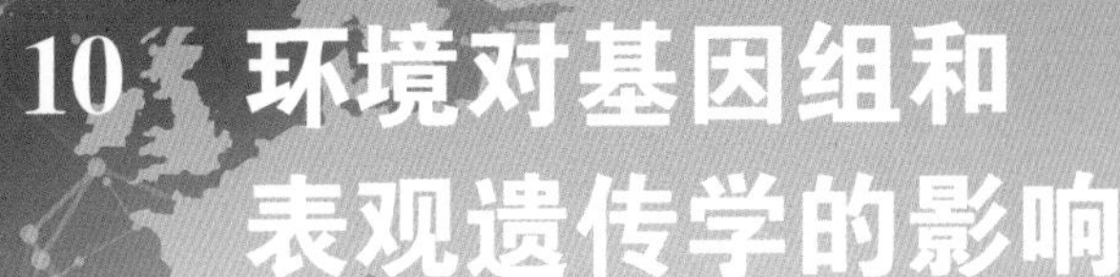

10 环境对基因组和表观遗传学的影响

环境如何影响身体健康?

除了遗传因素外,环境因素和年龄因素也极大地影响着人们罹患特定疾病的风险。环境因素包括饮食,细菌和病毒等病原体,以及化学品接触和精神压力等。表 10.1 给出了示例。所有这些因素,连同人们的基因组和身体活动(如运动)情况,都会以一种复杂而又鲜为人知的方式影响着人们的健康。

表 10.1 环境对疾病产生影响的例子

环境条件	增加的疾病风险
人乳头瘤病毒(HPV)感染	宫颈癌和咽喉癌
未知病毒感染	1 型和 2 型糖尿病
丙型肝炎病毒感染	肝癌
多种化学品	癌症
吸烟、空气污染	多种疾病，如癌症、动脉粥样硬化、糖尿病等
精神压力	2 型糖尿病

人们是从什么时候开始研究环境影响的?

弗雷明汉心脏研究(Framingham Heart Study)是最早研

究复杂疾病的大型研究项目之一。该项目始于 1948 年，最初以大约 5000 人为样本，研究了造成中风和心脏病风险增加的各种因素。科学家们通过对成千上万的人进行长期（几十年）的研究，确定了对人体健康有重要影响的一些因素。吸烟、肥胖、高血压、高胆固醇水平和其他因素被发现与心脏病有关。直到今天，这些观察结果提供的一些重要建议依然会被医生们用来作为治疗患者的参考依据。后来，对该群体的 DNA 分析以及其他许多大规模研究，都发现了许多与心脏病、肥胖症和糖尿病等相关的基因区域。

环境影响是从什么时候开始的？

胎儿的成长大部分时间都发生在母亲的子宫里，所以毫不奇怪，至少在胎儿的成长过程中会有一些环境影响。例如，在 20 世纪 50 年代，当时医疗上使用沙利度胺来预防早孕反应。许多服用了这种药物的孕妇的孩子出生时四肢不正常或缺失。（然而，最近几年，这种药物却被重新用于治疗多发性骨髓瘤，这是一种骨髓细胞癌症。）孕妇接触沙利度胺，或者遭遇严重的病毒感染，被发现和新生儿自闭症发病率的增加有关。值得注意的是，在过去的30多年里，美国自闭症的发病率上升了约60倍。虽然这一发病率增加可能与更频繁的诊断有关，但高发病率（目前估计每45例新生儿中就有1例），以及遗传因素不能解释所有病例的证据，都强烈表明环境因素可能起了作用。

另一个影响产前发育的因素是产妇营养。我们在几项研究中注意到，在粮食短缺时期孕妇所生子女的平均体重要低一些。最近的一个例子表明，在冈比亚，女性在食物较少的时候（雨季）怀孕所生的婴儿，和在食物较充足的时候怀孕所生的婴儿比起来，前者的出生体重更低。同样，据报道，体重正常的母亲和较瘦弱的母亲相比，前者所生的婴儿往往更健康。除了产前阶段，环境因素也可能会影响我们的健康状况。如前所述，无论年龄如何，接触化学品、运动、饮食、精神压力和接触病原体等都会影响我们的健康状况。

环境因素能直接影响基因组吗？

环境可以直接影响一个人的DNA。例如，来自太阳的紫外线辐射，会导致DNA中的碱基交联，最终产生基因突变，从而导致皮肤癌。其他例子包括吸烟（可导致肺癌、食道癌、胰腺癌等)以及接触化学品,比如烷化剂(用于处理纺织品)和自然产生的化合物(如黄曲霉毒素 B1),等等。所有这些都可以直接改变一个人的 DNA 并导致基因突变。如果这些突变影响致癌基因或抑癌基因,就可能会引起癌症。

什么是表观遗传学?

环境因素影响基因组的另一种方式是间接的,通过改变表观遗传(非基因改变)来影响基因组。表观遗传变化是指在不改变实际 DNA 序列的条件下在基因表达中发生的稳定的、可遗传的变化。表观遗传变化对人类的正常发育和健康具有重要意义。尽管所有不同组织的细胞都含有相同的基因组,但表观基因组总体上的变化,会影响一个人的体内组织,从而形成不同的特征。表观遗传变化在一个人对环境的生理反应中也起着重要的作用(稍后将详细讨论)。与基因变化相比,表观遗传变化可能对我们的健康有同等甚至更大的影响。

两种常见的表观遗传变化是 DNA 甲基化和染色质修饰(如图 10.1 所示)。DNA 甲基化是一个甲基转移过程,指的是

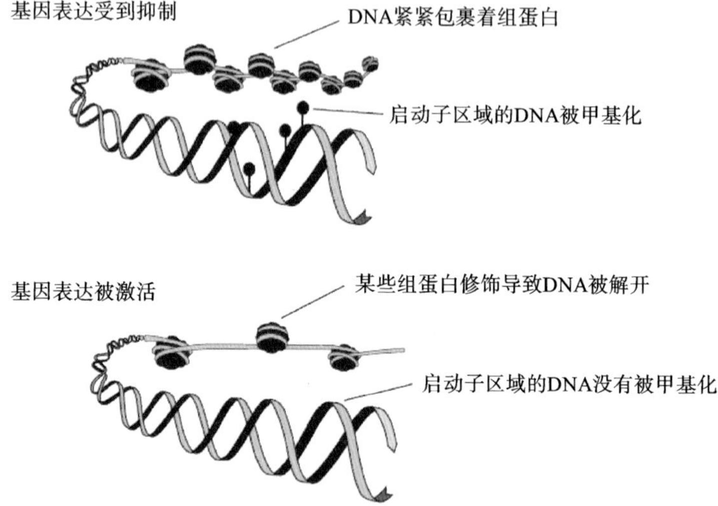

图 10.1 DNA 甲基化和组蛋白修饰都会影响基因调控。启动子区域的 DNA 甲基化通常会关闭基因。不同的组蛋白修饰可以激活或抑制基因的表达，这取决于特定的修饰类型。

核苷酸碱基的一种，即胞嘧啶被一种酶直接修饰，并将甲基转移到碱基上。胞嘧啶甲基化经常发生在基因的上游调控区域（即启动子区域），通常会导致基因失活。DNA 甲基化也可能发生在启动子区域以外的其他位置。染色质修饰是另一种常见的表观遗传修饰。染色质指的是基因组 DNA 及其所包裹的蛋白质，这些蛋白质被称为组蛋白。组蛋白可以通过不同的方式被修饰，如甲基化或乙酰化。简单地说，这些修饰可以影响

DNA 区域是否可及(即形成常染色质区域)和其中的基因是否表达;或者,DNA 可能被包装成封闭的构象(形成异染色质区域),其中的基因处于休眠状态。在整个组织发育过程中,细胞内的 DNA 可及性发生变化,从而产生不同组织类型的细胞。

在哪些例子中,环境影响生理是通过表观遗传发生的?

环境和年龄都可以直接或间接地影响 DNA 甲基化或染色质修饰,但其影响的具体方式目前尚不完全清楚。父母的营养状况与其子女特定位点的 DNA 甲基化有关。回到冈比亚婴儿出生体重随季节变化的例子,研究发现母亲在雨季或旱季不同时期受孕的婴儿中,部分婴儿身体中有些基因的启动子发生了不同程度的甲基化。据推测,这些差异引起基因表达发生变化,最终导致不同的出生体重。随着年龄的增长,同卵双胞胎(共享相同的基因组 DNA)在身体特征和健康方面会出现差异,这些差异在某种程度上被认为是表观遗传“漂移”的结果,也就是不同的环境因素导致不同表观遗传变化的过程。

人们早就知道运动对健康有积极影响,比如运动可以降低心血管疾病、肥胖和2型糖尿病的发病率等。最近发现，运动对DNA甲基化和基因表达也有直接影响。在一组有23名受试者的测试中，这些受试者被要求只锻炼两条腿中的一条，每次45分钟，每周4次，连续3个月。在测试期结束时，进行锻炼的那条腿的甲基化和基因表达模式与另一条未进行锻炼的腿的甲基化和基因表达模式出现了差异，这表明运动对表观遗传有直接影响。

衰老也与我们DNA甲基化模式的特定变化有关。研究表明，根据一个人的细胞的甲基化模式，可以推测出这个人的年龄，误差在5年以内。这项研究可以应用于法医分析，即提取犯罪现场的生物组织样本来估算人的年龄。

我们要注意到，这些表观遗传修饰和身体状况之间的许多联系只是一种关联，而不一定是因果关系。也就是说，我们并不是总能弄清楚什么是原因，什么是结果。通常需要在模式生物中进行更多研究，才能充分理解表观遗传修饰的生物学效应。

表观遗传学在疾病中的作用是什么？

研究表观遗传学在疾病中的作用是一个十分活跃的研究

领域。在抑郁症、自身免疫性疾病、哮喘和慢性疼痛等不同的疾病状况下，患者体内都可以检测到表观遗传变化。DNA 甲基化和组蛋白修饰都与癌症的发生和发展有关。负责表观遗传修饰的酶在某些类型的癌症中经常发生突变，特定基因上的表观遗传修饰也常常在肿瘤细胞中发生改变。作为后者的一个例子，*RB1* 基因启动子的高度甲基化会显著降低这一抑癌基因的表达，导致儿童视网膜癌，即视网膜母细胞瘤。有研究进一步证明表观遗传学在癌症生物学中的重要性的证据是，目前已经有改变细胞表观遗传状态的药物上市，即组蛋白去乙酰化酶抑制剂和 DNA 甲基转移酶抑制剂，这些药物已被批准用于治疗血液系统恶性肿瘤等疾病。

对表观遗传学的进一步了解将对医疗保健产生什么样的影响？

表观遗传学在疾病诊断和治疗中，特别是在癌症方面，发挥着越来越重要的作用。识别致癌基因(如 *BRCA1*)的甲基化或者它的结果(即基因表达改变)是一个有用的诊断和可能的预后标记(如图 10.2 所示)。事实上，与 *BRCA1* 突变相比，

BRCA1 甲基化的患者存活时间更短。同样,检测染色质修饰的变化也被认为具有实用价值。

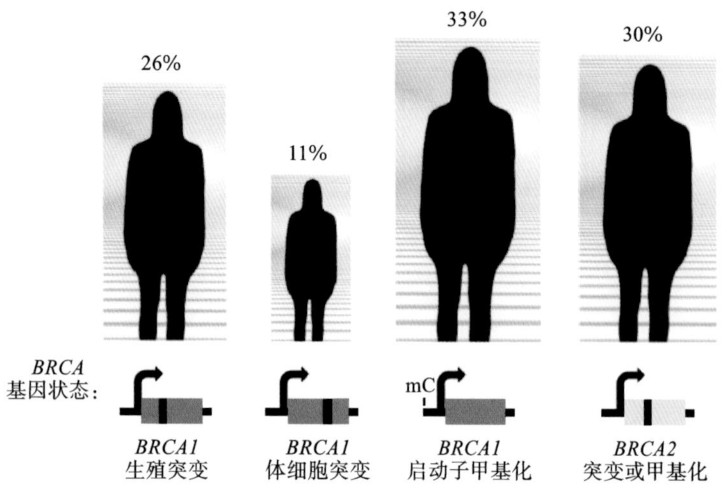

图 10.2 DNA 甲基化和 *BRCA* 基因。携带 *BRCA1* 和 *BRCA2* 基因突变及 DNA 甲基化的卵巢癌基因组样本分布。虽然样本量很小(103),但分析结果清楚地显示 *BRCA1* 可能由于突变或 DNA 甲基化而失活。与 *BRCA1* 突变相比,*BRCA1* 甲基化的患者存活时间更短。

此外,在一些情形下,DNA 甲基化状态可以用来推断药物敏感性和指导治疗。例如,DNA 甲基化状态在预测胶质瘤对烷基化化疗(替莫唑胺)的反应方面很有价值。烷基化化疗通过破坏 DNA 和杀死肿瘤细胞起到治疗作用。DNA 修复酶 MGMT 的表达水平会影响烷基化化疗的疗效,低水平的

MGMT 与化疗敏感性的增加有关。MGMT 基因启动子甲基化(抑制基因表达)与胶质瘤对替莫唑胺更强的反应有关。

最终,健康人群的疾病风险筛选很可能会同时包括基因组和表观基因组的分析(有关我的基因组的示例,请参见图 10.3)。这些分析会鉴定出被怀疑是异常表达的基因,其异常表达的原因要么是 DNA 甲基化,要么是突变,或者两者兼而有之。研究结果将通过基因表达分析得到证实。因此,在未来,我们可以期待将基因组和表观基因组分析都用于预测疾病风险,并纳入健康管理策略。

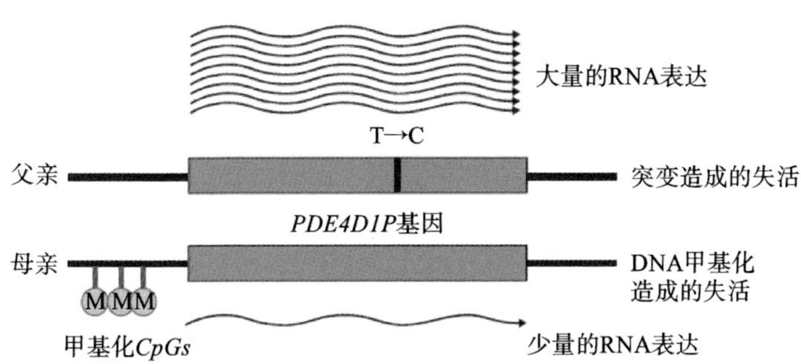

图 10.3 基因组和表观基因组分析表明，由于 *PDE4* 基因的一个拷贝发生了有害突变，另一个拷贝的启动子 DNA 发生了甲基化，从而导致了 *PDE4* 的完全失活。基因表达的分析表明，只有具有有害突变的基因有高表达，这也说明了 *PDE4* 的两个拷贝都不具备相关功能。

11　其他组学

还有哪些组学可以在医疗上发挥作用?

基因组和表观基因组学分析使我们获得了大量的人体健康数据,但我们仍无法彻底了解某种疾病进而找出最合适的治疗策略。还有其他更为详细的分子组学的分析也能添砖加瓦,给我们补充大量的宝贵数据,包括转录组、蛋白质组、代谢组和微生物组等。有了这些组学的补充,我们对疾病的了解会进一步加深,进而对于如何防御和治疗某些疾病有了更大的把握。转录组指的是基因的表达产物 RNA 的集合;蛋白质组指的是 RNA 的表达产物蛋白质的集合;代谢组则指的是人体中代谢物的集合,这些代谢物有多种来源,包括食物,或机体自身的代谢以及肠道微生物。居住于肠道的这些微生物的聚集也被称为微生物组(后文将详述)。遗传和表观遗传的变化带来的直接后果是基因表达的改变,而其他组学的信息可以帮助我们进一步追踪基因改变之后的变化。细胞内各个层次的生物学过程都可以提供关于人体健康的珍贵的反馈信息,利用这些信息,我们可以分辨出那些在病理状态或健康状态下活跃或休眠的生物学标记和生物学过程。

组学的复杂度取决于其下游产物的复杂度。平均来说，一个基因会转录产生 7 种以上不同的 RNA，相应地，这些不同的 RNA 编码不同的蛋白质。这些蛋白质本身还会进一步接受各种修饰，不同的修饰将赋予蛋白质不同的活性。由此可见，了解存在哪些 RNA 异构体或是了解蛋白质存在哪些修饰，都可以帮助我们了解有关处于活跃状态的生化过程的宝贵信息。此外，代谢组学分析所提供的大量化合物信息，也可以帮助我们了解基因的最终功能和蛋白质表达的最终结果。

转录组和蛋白质组主要有什么作用?

因为每种类型的分子都反映了细胞和组织的活跃情况，所以，这些分子被认为是判断一个人健康状态和预后结果的极好指标。事实上，通过对肿瘤的转录组测序，我们找到了一些在肿瘤中表达异常的 RNA 异构体，这个线索非常重要，因为它可以指明在肿瘤细胞中哪些生物学过程正在活跃进行，指导癌细胞分型并且引导治疗方向。举一个近年的例子，通过基因组和转录组分析，我们已成功实现结肠癌的分型，进一步进行蛋白质组分析后，又有一种新的结肠癌亚型被鉴别了出来，这些不同亚型的结肠癌对应着完全不同的临床后果。需要强调的是，在所有的潜在致癌突变中，体现在 RNA 水平的突变仅占 1/3 左右，而大部分的突变将影响最终的蛋白质产物，因此，这些蛋白质产物及其参与的生物学通路是抗肿瘤药物的合理靶点。

另一个可以说明转录组在临床上有用的例子是前列腺癌。有一类生长迟缓、可能终生不会引起男性健康问题的前列腺癌，可以在早期、无症状时被发现。然而，通常人们很难将这类迟缓性前列腺癌和侵袭性前列腺癌区分开来。因此，许多二期前列腺癌患者将不加区分地接受前列腺切除手术和放射治疗，因而这些患者承受了诸多副作用，如阳痿或尿失禁等。近年，通过测定活组织样本中一组标志基因的表达量，迟缓性和侵袭性前列腺癌被成功区分开来。据此医生可以对不同类型的患者采用不同的治疗策略：侵袭性前列腺癌患者需要接受手术治疗，而迟缓性前列腺癌患者仅需要根据自我意愿定期监测。虽然，目前每年仅有小部分前列腺癌患者接受这样的基因表达检测，但一些大型医疗机构已开始将它们纳入其前列腺管理指南中，同时，一些大型保险公司也开始将其纳入保险范畴，可以说，这些基因表达检测的普及指日可待。在早期乳腺癌的治疗中,类似的基因表达检测已得到了较广泛的应用。

代谢组是如何发挥作用的?

另外一个重要的研究领域是代谢组,它指的是人体内所有代谢物的集合。这些代谢物由我们的身体合成,或来源于食物和其他渠道(例如微生物组,将在后文详述)。显然,尽管代谢组的检测对几乎所有的人类疾病都非常重要,但实际上它在各类组学中被研究得最少。其原因是,到目前为止,还没有技术能使我们在单次检测中捕捉到所有这些错综复杂的代谢物。另外,目前我们主要采用捕获代谢物特征并通过与现存数据库比对的方法确定代谢物,但通过此法确定的代谢物仅占了不到一半的比例。到目前为止,虽然我们估计人体代谢物分子数量有几千到几万个不等,但我们其实还不确定人体的代谢组数量究竟有多少。

代谢组与许多疾病密切相关。例如,实体肿瘤组织的代谢与正常组织的代谢大不相同,它的产能过程高度依赖于以乳酸为产物的糖酵解,而非有氧呼吸。事实上,许多致癌突变影响的都是代谢酶,从而改变了癌细胞的能量代谢。例如,参与三羧酸循环的延胡索酸水化酶和琥珀酸脱氢酶被发现在多种癌症中发生了基因突变。另外，*IDH1* 基因和 *IDH2* 基因既能影响细胞代谢，又能影响 DNA 的甲基化状态，也被发现在多种不同癌症中发生突变。

到目前为止，疾病代谢组学的研究还处于起步阶段，代谢物与疾病的关联分析也大多局限于个别代谢物。例如，人体铁含量过高与血色素沉着病和 *HHR* 基因突变有关。类似地，人体叶酸含量过低与畸胎症（神经管畸形）有关，因此孕妇通常被建议服用叶酸补充剂以降低此类风险。一个特例是，与 2 型糖尿病相关的并非个别代谢物。研究发现，多种支链氨基酸和氨基酰肉碱的水平在 2 型糖尿病患者中升高，而且，这些代谢物含量的升高是随着病情的恶化（从轻度胰岛素抵抗到糖尿病酮症酸中毒）逐渐出现的。因此，代谢物，特别是一组化合物，很可能作为生物标志物，对某些先天性疾病和与年龄相关的慢性病的早期诊断和预防有很大帮助。

随着对代谢组学的研究越来越广泛，我们对代谢组学本身、人类的个体差异以及疾病的理解都会越来越深入。众所周知，每个人对不同分子的代谢方式是不同的。例如，叶酸代谢速度的个体差异有 5 倍之大，这意味着不同孕妇的叶酸补给需求量可能有很大差异。此外,由于许多处理药物或环境中其他化合物的酶通常用来处理代谢物,由此可以推断某些代谢物的绝对量和需求量可能有很大的个体差异。一个著名的例子是,乙醇代谢中关键基因的遗传变异(如参与乙醇分解的 *ADH* 基因)导致个体之间的乙醇代谢能力出现了差异。随着我们对健康的新陈代谢的理解越来越具体化,未来,人们将很有可能获得"私人定制"的食谱以改善健康水平。此外,对不同个体药物代谢的深入理解及应用也有助于我们选择更合理的药物剂量,以有效改善临床效果。

对人类的分析研究可以深入到什么程度?

已有许多对人类的分析研究深入到开始追踪人们在健康和疾病期间的生化组成的动态变化。首项此类研究深入分析了实验对象的转录组、蛋白质组、代谢组、细胞因子、抗体特异性反应以及近期的 DNA 甲基化模式和微生物组,进行了 10 亿量级的测量(如图 11.1 所示)。这些数据揭示了在健康和疾病期间,人体内发生的剧烈变化,以及发生变化的生化通路的类型。这些个体组学分析图谱的研究结果的引申意义是:我们

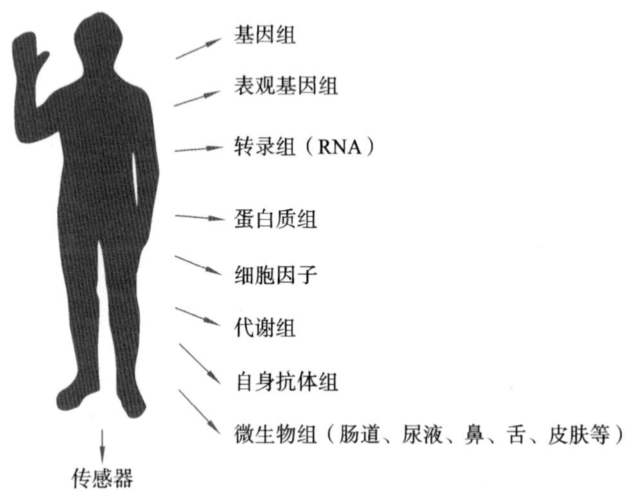

图 11.1 个体组学分析图谱。如今，通过对实验对象血液、尿液和微生物组中的生化分子进行 10 亿量级的检测，对人体的深入分析已成为可能。人体的活动状态以及生理状态可使用穿戴设备（传感器）来获取。未来，我们可以详尽地了解疾病发生时人体的变化。

每个人都有自己独特的生化图谱，我们对环境状况的反应也很可能是大相径庭的。利用这些信息，我们可以实现个性化的疾病预判和不良健康信号的早期捕捉，从而对人们的健康问题进行正确指导。

12　个体微生物组

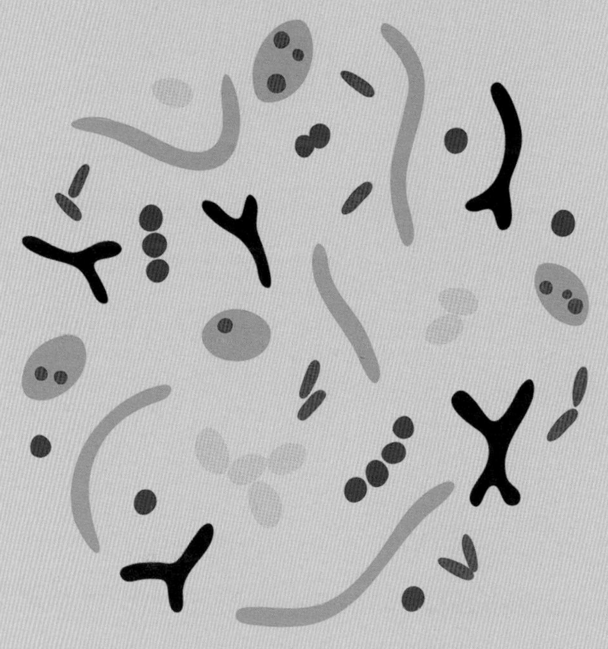

什么是微生物组?

虽然人体细胞的数量已经非常大了(高达几十万亿),但实际上,人体内的非人体细胞数量要远远超过这个数字,是人体细胞数量的5～10倍:它们来自细菌、真菌和其他微生物等。这些单细胞生物和其他微生物(包括病毒)构成了我们的微生物组(通常被称为微生物群),它们是生活在我们体内和身上的微生物的集合。微生物组在日常生活中对我们的健康起着非常重要的作用。例如,我们的肠道微生物组包含成百上千种细菌,重达3磅[①]。这些微生物对健康既有帮助,也有危害。它们负责消化食物,为我们提供许多必需的营养和维生素。例如,细菌通过消化食物为人体提供许多必需的氨基酸,并且合成维生素 B_{12}、生物素和叶酸等重要物质。

据估计,有成千上万(或更多)种不同的细菌在我们身上生活。虽然人类基因组包含大约2万个影响人体健康的基因,但

① 1磅≈454克。——译者注

生活在我们体内和身上的微生物总共包含了多达 1000 万或更多的基因,这是很惊人的。并且这其中许多基因对我们的健康起着至关重要的作用。不同器官里的微生物种类是不同的,例如,口腔、鼻腔、肠道和皮肤中的微生物就各不相同。事实上,即使是口腔不同区域的微生物和皮肤不同区域的微生物之间也可能存在巨大差异。婴儿出生时从母体获得微生物组,并且受到所处环境的影响,例如所吃的食物,包括母乳喂养等。因此,剖宫产婴儿的微生物组与阴道分娩婴儿的微生物组是不同的:阴道分娩婴儿的微生物组最接近母亲的阴道,而剖宫产婴儿的微生物组最接近母亲的皮肤。肠道微生物组在婴儿期和幼儿期急剧变化,在成年期渐趋稳定。微生物组在不同的人之间也是不同的,因此每个人的微生物组都是独特的,这意味着我们每个人都有一套自己独有的个体微生物组(如图 12.1 所示)。微生物组在关键代谢物的生成过程中起着重要作用,因此个体微生物组对每个人的健康都产生了重大影响。

如何研究微生物组?

任何身体组织的微生物组都由成百上千种微生物组成,其

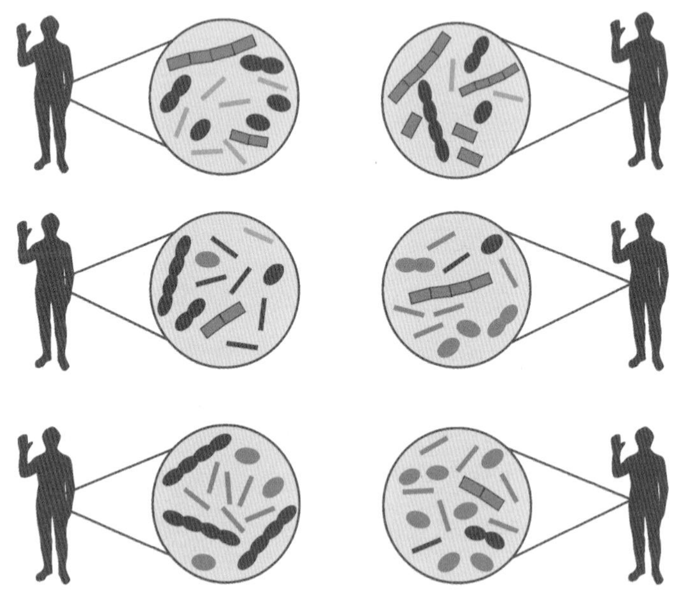

图 12.1　个体微生物组。 我们每个人的肠道乃至全身都生活着成千上万种细菌和其他微生物。 每个人的微生物组都不同。

中大多数微生物是无法培养的，也就是说微生物是不能在培养皿中单独生长的。为了破译不同的微生物种类，我们通常使用无菌棉签或压舌板收集样本，并从附着在其上的生物体中分离出所有 DNA。一般类型的细菌种类可以通过分析合成核糖体的某些关键组分的特殊基因组部分来确定（这些核糖体是参与人体蛋白质合成的关键部分）。核糖体的这一关键成分是 16S 核糖体 RNA 基因（rDNA）。16S rDNA 基因在进化上是高度保守的，但每一种类型的细菌之间也略有差异，体现出不同类型的独特标记。对 16S rRNA 基因的相关部分进行扩增和序列测定，并根据 16S rDNA 的序列特征可以推断出每个复杂的微生物复合群体中不同细菌的种类和数量。根据特定类型的 16S rDNA 被测序的次数可以推导出每个细菌家族的丰度。

上述分析方法通常可以确定细菌所属的类别，有时还可以确定出某些细菌的种类。虽然这类分析可以很好地回答比如“大体上有哪些类型的细菌”这样的问题，但这种分析并不能回答“到底是哪种细菌”和“它们在做什么”这样的问题。为了识别单个细菌种类以及大部分生物化学通路，人们使用最新的高通量 DNA 测序技术（这些技术正是人类基因组测序所使用的相同技术）对远超百万计的 DNA 片段进行了测序，获得了有关样本中不同细菌以及任何其他生物（包括病毒、真菌和其他单细胞生物等）完整基因组的数百个基本信息片段。这些小一点的片段可以组装成更大的片段，从而确定它们的确切种类和频率，以及所编码的生物化学通路，并在此基础上进一步破译含有成百上千个不同种类、更加复杂的样本的微生物组信息。

微生物组如何影响人体健康?

微生物组与多种疾病有关。事实上,一般认为微生物组几乎和每一种研究过的疾病都有关,其中包括种类繁多的代谢性疾病、炎症性肠病、免疫相关疾病、心血管疾病、神经疾病以及癌症等,甚至抑郁症、焦虑和自闭症也与个体微生物组之间的差异有关联。虽然已有证据表明微生物组对某些疾病产生了直接影响,但在大多数情况下,细菌与疾病之间只是存在相关性,并不具有明确的因果关系。

鉴于微生物组对人体新陈代谢的影响,可以确定微生物组与代谢性疾病(如肥胖和 2 型糖尿病)之间存在明显的联系。肥胖人群的肠道微生物组与非肥胖人群有很大的不同。消瘦人群的肠道微生物组,通常包含一组被称为“拟杆菌”的细菌。相比之下,肥胖人群则通常带有另外一种类型的细菌,被称为“厚壁菌”。有趣的是,从遗传倾向上易于肥胖的老鼠体内,提取肠道微生物组并移植到没有这种遗传倾向的无菌老鼠体内,会导致后者体重增加和脂肪堆积。同样的结果也可以用人类微生物组来重现:从一个消瘦的人体内提取肠道微生物并引入到无菌老鼠体内可以预防老鼠的肥胖，但肥胖人群的微生物组则不能做到这一点。因此，微生物组不仅与肥胖有关，而且可能可以直接用于控制体重增加。与肥胖人群一样，糖尿病患者体内的微生物组与非糖尿病患者体内的也有很大的不同。

微生物组对健康的影响已经在感染艰难梭菌的人群中被证明。这些肠道感染发生的情形多种多样，比如有的患者是因非肠道疾病住院却染上了肠道疾病。将排泄物质从健康的人身上移植到感染艰难梭菌的人身上（即“排泄物移植”），是一种令人难以相信的治疗这种肠道疾病的有效方式。同样，对于患有炎症性肠病的人（如溃疡性结肠炎和克罗恩病），他们的消化道也会有问题。溃疡性结肠炎患者和克罗恩病患者的细菌微生物组是不同的，当然，这些微生物组也与健康的人的微生物组不同。在某些情况下，排泄物移植能使症状明显减轻。这些不同的实验结果表明，微生物组与疾病之间的联系可能不仅是因果关系，微生物组更有可能会对健康产生直接影响。此外，当前医疗界提出了一种新的治疗炎症性肠病和艰难梭菌的治疗策略。

肠道微生物组与心脏病也有关系。肉类含量高的食物含有大量的肉碱，高肉类饮食与心脏病的发病有关。我们的微生物组将肉碱转化为一种叫作氧化三甲胺的化合物，这种化合物的含量与心力衰竭有关。饮食的改变可以改变氧化三甲胺的含量,因此可能会减轻心脏功能不良患者心力衰竭的严重程度。这些现象表明,微生物组与心脏病这种常见疾病有直接的关系,这使得利用一种全新的治疗策略来减轻心力衰竭成为可能。鉴于制造氧化三甲胺的细菌和基因已为人所知,将产生氧化三甲胺的原生细菌替代为通过改良而不产生这种化合物的一种(或多种)细菌应该可以改善人类健康。虽然要使这项技术在临床上得到实际应用可能还需要几年的时间,但其已经提供了人们利用细菌预防控制某些疾病的可能,这种医疗方案更加安全。

饮食结构如何影响微生物组?

很明显,饮食结构的改变对肠道微生物组有巨大的影响。把饮食结构从高糖、高脂肪的“西方特色”饮食转向低脂肪或高纤维饮食的人会经历巨大的微生物组变化。有趣的是,恢复原来的饮食通常会使一个人的微生物组恢复到原来的状态。这说明在通常情况下,一个人的微生物组在很长一段时间内都是非常稳定的。无论如何,这些结果表明饮食结构对人体微生物组有显著的影响。

微生物多样性对人类健康至关重要。纤维性饮食在提高体内微生物多样性的同时，也会提高代谢多样性，这对人体健康非常有益。此外，高糖、高脂肪的“西方特色”饮食会导致微生物多样性的缺乏，从而导致不良的健康状况。值得注意的是，许多有代谢紊乱(如胰岛素抵抗)的人，他们体内的微生物多样性一旦消失就很难再恢复。因此，长期接触“西方特色”饮食可能会引起胰岛素抵抗和糖尿病，这些疾病是很难康复的。对如何在人体内重新繁殖有益的微生物组有了更多了解，医生就可以更好地帮助患者治疗这些疾病。总体来说，为了更好地管理我们的健康，我们需要综合了解自己的代谢组、微生物组以及它们与我们所吃的食物之间的相互影响。

微生物组对我们生活的其他方面有影响吗?

最近的研究表明，微生物组也可以通过其他方式影响人类健康和行为。某些人皮肤上的微生物组与他们更容易被蚊子叮咬有关。也就是说，与皮肤表面带有某些特定的自然细菌的人相比，那些含有其他类型自然细菌的人更容易被蚊子叮咬。

但具体是哪种微生物能够吸引或驱散蚊子目前尚不清楚。当然，微生物并不是吸引蚊子的唯一因素，蚊子还会被我们通过呼吸排放出的二氧化碳所吸引。尽管如此，这依然解释了为什么在户外有些人似乎比其他人更容易被蚊子叮咬。微生物组是否会影响一个人对其他生物（如宠物）的吸引力，甚至是否会影响人与人之间的吸引力，仍有待确定。

调整微生物组可以改善人类的健康状况吗？

微生物组的组成和人体健康都受到饮食结构的影响，但如果仅仅调整饮食结构依然不足以保证人类健康呢？原则上，我们可以对微生物组进行改造，使其产生必需的维生素和其他有用的营养物质，并减少有毒化合物的产生，甚至检测或清除毒素和有害化合物。我们可以使用某种能感知到有毒化合物并引发解毒过程的细菌，来去除有毒化合物。目前，科学家们已经研发出了能够控制肠道细菌的技术，但对所需要的具体产品及其可能产生的副作用尚不清楚，这需要进行大量的测试才可能明确。

我们直接利用寄生在人体内的、被基因工程改造过的细菌来改善健康状况可能会很困难。在许多国家,人们强烈反对在食品中使用转基因生物,因而直接在人体肠道中使用这些技术可能会遇到严格的监管障碍。另一方面,有可能通过改造家畜的肠道,使其成为对人类健康更有利的食物。但应保证人们在食用这些动物时可以最大限度地避免摄入经过改造的细菌,这些细菌将只会留在动物的肠道中,而不会进入人们体内。

最后,虽然尚未确定,但很有可能我们的肠道中的一些自然微生物可以去除或代谢掉药物等外源化合物。我们了解这些自然微生物的身份,并通过饮食结构、益生菌,甚至基因工程的方法来控制它们的数量,就有可能改变我们对药物治疗的反应能力。总体来说,理解和控制我们的微生物组很可能在很多方面对我们的健康管理发挥关键作用。

13 免疫系统和传染性疾病

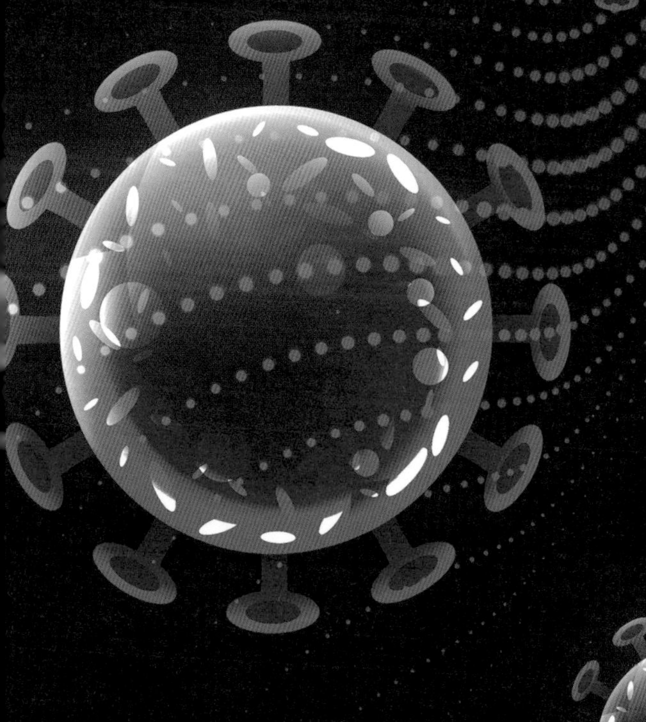

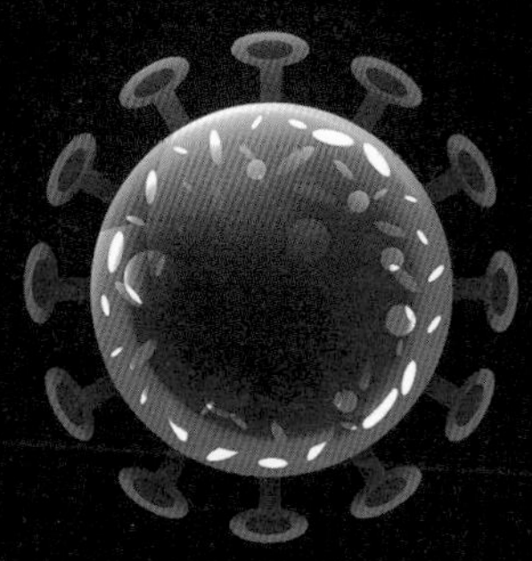

免疫系统如何保护我们?

你可能听说过“泡泡儿童”(bubble kid)吧?他们是缺乏免疫系统保护的、不得不生活在无菌环境中的儿童。如果他们遇到有害的病原体(如病毒或细菌),由于没有天然的防御能力,他们可能会死亡。

我们的免疫系统是对抗所有人类疾病的防御系统。我们的免疫系统非常复杂,由一百多种细胞组成。这些细胞包括 B 细胞,产生可直接与外来物质结合的抗体;还包括组成我们的先天免疫系统的细胞,即 T 细胞和其他类型的细胞,它们识别带有外来物质和移植组织的细胞并进行攻击。在我们的免疫系统中还有“记忆细胞”,可以帮助我们识别以前遇到的外来物质;一旦接触到相同的病原体,免疫系统会迅速激活我们的 B 细胞和 T 细胞去识别和攻击这些病原体,同时刺激 B 细胞和 T 细胞进行自我繁殖进而保护我们的身体。因此,当我们接种流感疫苗或乙肝疫苗时,我们会接触到灭活的病原体或者它们的几种关键蛋白质,这将使我们的免疫系统行动起来,在我们被感染的时候迅速攻击病原体。

产生抗体的B细胞和先天性免疫细胞构成了一组识别病原体的关键分子(分别是抗体和T细胞受体)(如图13.1所示)。这些分子与血液中的病原体或其他细胞表面的病原体结合,帮助从身体中清除病原体或被感染的细胞。这些分子通过一整套优化和选择过程,最终产生高度特异性的抗体和受体。我们可以用一套基因组工具对这些分子进行分析,从而追踪所产生的抗体和T细胞受体的准确序列,并确定这一过程。

为协调免疫细胞的攻击,身体会合成一种被称为细胞因子的免疫细胞关键刺激因子。它们在调节抵抗人体可能遇到的

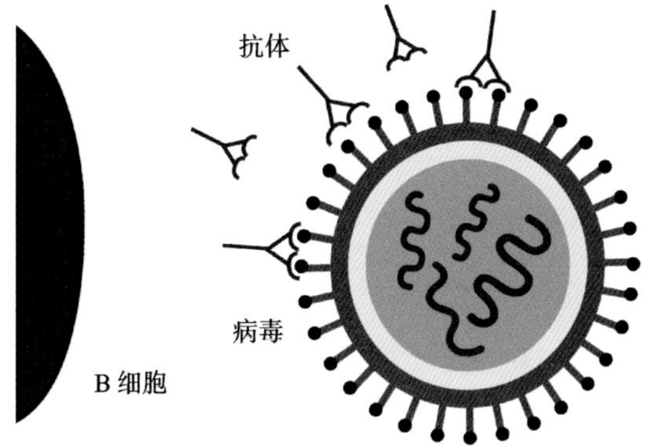

图13.1　抗体是由一种叫作B细胞的特殊免疫细胞产生的。B细胞攻击外来实体,如病毒和细菌等病原体。

病原体和有害细胞所需的细胞军团方面起着重要的作用。这样的细胞因子数目众多,其中60多种已经得到常规分析。

人与人之间的免疫系统有何差异？其对我们的健康有何影响？

免疫系统是个体间差异最大的功能系统。这可能反映了一个事实,在人类长期的繁衍过程中,不同的人群接触到不同的病原体的先后顺序不同,因此发展出对抗这些病原体的不同的免疫系统。由于这种特殊性,与免疫相关的基因比任何其他类型的基因都展示出了更多的遗传多态性,例如识别自身和外来抗原(人类白细胞抗原)的基因,以及细胞因子和免疫防御因子的基因表达。此外,我们每个人都有不同的病原体接触史。由于遗传基因和所处环境的不同,我们每个人都有一套自己的免疫系统,它以一种独特的方式应对外界环境以及病原体。我们对抗病原体的能力差异很大,这种差异很可能是由免疫系统先天遗传和后天差异所引起的。

我们现在可以深度研究免疫系统中的许多关键角色。从遗传学的角度来看,我们可以跟踪人类白细胞抗原等关键基因来确定某些疾病的发病倾向。我们还可以分析一个人血液中不同的免疫细胞和免疫分子。目前，我们可以筛查异常水平的抗体(如 IgG 或 IgM)以确诊癌症。我们还可以检测不同抗体对细胞或分子不同部位的反应活性的差异，以筛查自身免疫性疾病。在未来，我们应该有可能将这种检测能力提高到一个全新的水平，通过分析它们所识别到的蛋白质和病原体的免疫分子库，以及在体外检测免疫系统的刺激反应，这些能力可以帮助我们更准确地了解免疫系统是如何抵抗特定疾病的。

细胞因子释放

Photo on Scientific Animations

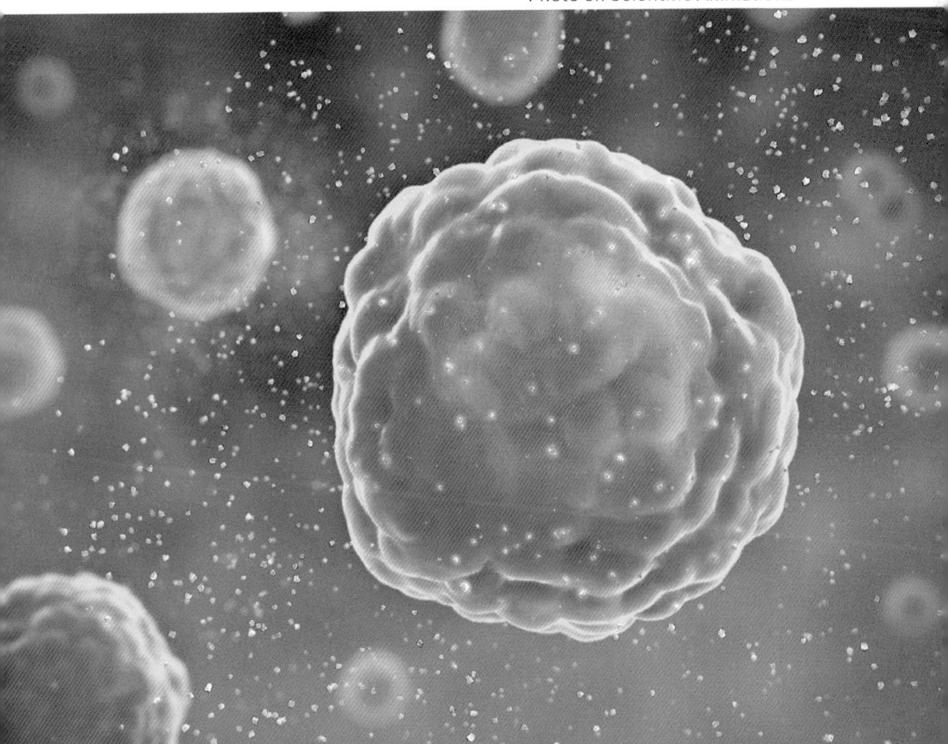

我们是如何研究传染性疾病的?

通常情况下,人们生病之后很快就康复了,这时我们就说他们已经痊愈了。我们常常不知道他们是如何生病的,以及这种病的影响会持续多长时间。例如,发热的人很少知道他们自己发热的确切病因。他们的疾病是由病毒还是细菌引起的?这种疾病是否会对健康产生长期影响?他们对此往往并不知情。

因为大多数疾病都是暂时的,所以确定病因通常不是那么重要。然而,在某些情况下,一些疾病的影响却很持久。目前存在的检测方法可以诊断许多常见病毒,如鼻病毒、流感病毒、腺病毒、呼吸道合胞病毒等,以及鉴定各种类型的细菌,包括可能具有特别致病性的细菌亚种。新的基因测序技术不仅使我们能够鉴定“所有已知的人类病毒”,而且还可能帮助我们鉴别出病毒亚型以及新的病毒。这一点很重要,因为我们可以尽早发现确切的病因。一般来说,像单核细胞增多症这样的疾病,通常只有在久病不愈时才会被诊断出来——事实上,往往要拖到其他人也被感染之后,才做出这样的诊断!早期且准确的诊断对于预防流行病是极具价值的。例如，及早发现引起严重急性呼吸综合征（SARS）的病原体、禽流感病毒、甲型 H1N1 流行性感冒病毒和埃博拉病毒等，对人类整体都具有极高价值。对某些其他疾病，详细的基因组测序分析可以帮助找到其致病原因，而这些病因在过去很长的时间里都被看作是很神秘的，难以确认的。比如有一例危重脑炎的儿童患者，我们通过对该儿童的脑脊液进行测序进而找到了病因：该疾病是由一种名为钩端螺旋体的细菌引起的，我们通过使用抗生素就治愈了这个儿童。将来，这种类型的诊断应该成为常规诊断方法。这种诊断方法即使不能用于临床治疗，也至少可以在快速的随访临床测试中使用。

基因组测序的一个重要好处是有可能确定疾病带来的长期影响。怀孕期间的严重疾病与自闭症和其他疾病之间存在明显关系，但具体是哪些疾病导致了哪些影响，我们对此一无所知。1 型糖尿病被认为与病原体感染有关。某些病毒比其他病毒更容易引起这种疾病吗？如果答案是肯定的，又是哪些病毒呢？这些信息对于我们如何预测这些疾病的风险将极具价值。例如，一位受到某种病毒或细菌感染的准妈妈，可以在孕后期对她腹中的胎儿进行糖尿病或自闭症的监测，如有需要,可尽早进行干预治疗。

最后,对病毒和细菌及其宿主进行详细基因组测序和分析的另一个好处是了解它们的传播情况。病毒和细菌往往倾向于高频率突变并积累基因变化(这也是它们能够逃避免疫系统的原因)。通过分析病原体的基因组序列,并捕捉它们独特的基因变化可以描绘它们的传播途径,并确定感染的起源和传播模式。例如,近年在英国暴发了耐甲氧西林金黄色葡萄球菌(MRSA)感染疫情。通过对 MRSA 菌株的基因组测序结果进行分析,我们追踪到了一名与最早感染 MRSA 的患者有接触的特定护理员。对该护理员进行隔离,可以防止 MRSA 的进一步传播。同样,在更广泛的范围来看,曾经的埃博拉疫情的暴发也可以追溯到最初的地点。通过对病毒基因组进行测序,跟踪病毒基因变化的模式,可以追溯到可能的最初感染者。这些基因组测序信息可以用于评估病原体的毒力,识别致命性病原体的接触者,并对潜在被感染者进行隔离。

14　衰老与健康

几乎所有的人类疾病的头号风险因素都是年龄。随着年龄的增长，人类患癌症、糖尿病、冠心病、心力衰竭、黄斑变性和痴呆等的概率都会增加。然而，衰老并不是一个默认的我们必将会“精疲力竭”的过程，而是一个受遗传和环境因素共同调控的受控过程。

是否存在影响长寿的遗传因素？

长寿的能力显然是可以遗传的。父母如果长寿，他们的孩子往往也会长寿。事实上，许多家族经常会有百岁老人(那些活到 100 岁或 100 岁以上的人)。百岁老人避免了大多数与年龄有关的疾病(如心血管疾病、痴呆、癌症等)，并表现出非常健康的代谢水平。也有相反的情况，比如一些罕见疾病会导致过早衰老，其中包括由 *LMNA* 基因突变导致的早老症。该突变会导致儿童快速衰老，出现皮肤起皱、心脏病以及其他类似于 80 岁老人的身体状况，患者最后几乎都死于 13 岁之前。另一种早衰综合征是维尔纳综合征，其患者体内编码 WRN 解旋酶的基因发生了突变。维尔纳综合征患者有可能在十几岁的时候就会出现过早衰老的迹象，如皮肤产生皱纹、头发变白，还有患上白内障等。研究极长寿(百岁老人)和早衰综合征都有助于理解与衰老相关的遗传因素。但是,要找出与长寿有关的基因的关键一步,还是来自对模式生物进行关于寿命的实验研究。

几乎所有的生物都会衰老。有趣的是,一些物种如九头蛇或某些种类的蛤蜊(海洋圆蛤),表现出的老化程度非常小。事实上,后者可以活到 500 岁以上(如图 14.1 所示)! 我们可以对许多模式生物进行基因操作,如酵母菌、蠕虫和苍蝇等。通过使用这些模式生物,我们已经识别了多个控制衰老的基因,并加以研究,从而找到了一些与长寿有关的保守基因及其相应的信号通路。例如,胰岛素信号通路(胰岛素受体本身或下游的 FOXO 转录因子)在衰老过程中起着关键作用。有趣的是,胰岛素-FOXO 信号通路在不同物种中是相同的,它调节着包括哺乳动物在内的许多生物的衰老程度。此外,那些百岁老人的胰岛素-FOXO 信号通路基因中经常存在特定的遗传变异。另一种对衰老至关重要的通路是 mTOR 通路。它参与感知营养物质,特别是氨基酸。阻断 mTOR 通路可以延长酵母、蠕虫、苍蝇甚至哺乳动物的寿命。目前已经确定了许多其他影响个体寿命期和健康期(人生中不受疾病困扰的部分)的代谢通

图 14.1 与人类不同的是，有些种类的蛤蜊似乎不会衰老。上图的蛤蜊估计有 507 岁。

图片来源：蛤蜊形象归属："一个叫明的蛤壳 WG061294R"，作者：小艾伦·D. 瓦纳马克、扬·海内梅尔、詹姆斯·D. 斯凯里、克里斯托弗·理查森、保罗·巴特勒、约恩·埃里克森、凯伦·路易丝·克努森。

路，其中包括去乙酰化酶（依赖于代谢产物辅助因子 NAD+的蛋白脱乙酰酶）和 AMP 依赖的蛋白激酶（AMPK，一种依赖于细胞中 AMP/ATP 比率的蛋白激酶）。二甲双胍是一种通常用于控制 2 型糖尿病的药物，也是 AMPK 的激活剂；它可以延长老鼠和糖尿病患者的寿命，因此最近被认为是一种可能可以

"抗衰老"的药物。通过对百岁老人和其他健康长寿的人的进一步研究,我们很可能会发现更多可以延长人类寿命的基因。

是否存在影响衰老和长寿的环境因素?

生活方式和生活环境显然会影响衰老。生活环境状况可以延缓衰老的最好的例证之一是控制饮食,即在不造成营养不良的前提下控制食物的摄入量。控制饮食可以延缓衰老并延长几乎所有被测试的生物的寿命。虽然关于控制饮食对猴子最大寿命影响的研究仍存在争议,但即使如此,这些研究也的确表明,控制饮食可以延缓猴子的衰老。对于人类来说,控制饮食被认为可以改善代谢,并可以延缓与年龄相关的疾病(包括癌症等)的发生。在过去的十来年里,科学家们进行了广泛的研究,以了解需要减少的营养类型,以及控制饮食所触发的相关生物信号通路。看起来许多不同的养生疗法都对健康有益。控制饮食可以调节衰老过程中几种不同生物信号通路的活性。例如,控制饮食可以抑制胰岛素和 mTOR 通路,并激活 AMPK 和去乙酰化酶通路。虽然我们目前还不完全清楚关于控制饮食延缓衰老的确切机制,但其中很可能涉及新陈代谢的变化。

另一方面,生活在某些环境下也会加速衰老。吸烟有害健康,可能会缩短一个人的寿命。混乱的昼夜作息时间(例如夜班工作)也与过早衰老和寿命缩短有关。对于从事某些职业的人,如患肺病的煤矿工人,其环境条件对其健康明显有害。当然也有些职业对健康的损害并不明显,例如,非体力劳动者和技术工种(如管道工、电工)的预期寿命可能比非技术工种(如清洁工)要长。然而,也有许多例子表明,受到有害环境影响(例如吸烟)的人的寿命也很长。这些人是否有更有效的 DNA 修复或其他抗应激系统?答案尚未揭晓。

表观遗传能控制衰老吗?

有趣的是,研究表明表观遗传修饰也与衰老有关。在许多物种中,基因表达和染色质修饰(如组蛋白甲基化或乙酰化、DNA 甲基化等)随年龄而变化。特别令人感兴趣的是,一些表观遗传修饰被认为是“老化时钟”。正如在前一章中所指出的,某些 DNA 甲基化模式与一个人的衰老密切相关,这表明在人的整个生命过程中都会发生一些表观遗传化学修饰。然而,到底是这些化学修饰直接导致了衰老，还是其仅仅与衰老关联，或者它们仅仅是内在衰老过程（如白发）的旁观者，目前尚不清楚。然而，考虑到营养、运动和其他环境的影响已被证明会影响 DNA 甲基化，这样的 DNA 修饰可能会在一个人的一生中积累，并直接影响基因表达，从而为衰老过程提供了一种分子水平的解释。识别和研究那些虽然上了年纪但他们的 DNA、身体素质和智力特征与年轻人类似的人，对于揭示延缓衰老的机制将具有非常重要的意义。

将来我们能够控制人类的衰老吗？

随着我们对衰老过程的进一步深入了解，我们以后可能能够调节衰老的过程，使人类在体力和脑力上都尽可能长寿健康。可以肯定的是，保持健康的生活方式，例如经常运动、避免吸烟和暴饮暴食等，是有助于长寿的。在医生的正确指导下，使用影响关键代谢通路（如 mTOR 通路和 AMPK 通路）的药物，甚至通过饮食和益生菌来控制微生物组，在未来的某一天都可能会成为有效的衰老延缓剂。事实上，目前测试二甲双胍（一种用于延缓衰老的 AMPK 激活剂）用于延缓衰老的试验已经开始了。

15　可穿戴的健康设备

我们还可以轻松收集到哪些个人健康信息?

大多数与健康有关的检测是在我们生病时,在医生办公室或其他地点通过医生进行的。当我们处于健康状态时,很少有人会进行这些检测,而且此时,我们往往不知道受检个体的正常基准数值是多少。此外,即使存在一定的检测方式,但许多可能影响健康的常见事件,如病原体感染、饮食习惯改变或其他生活方式的选择,往往不能以任何系统化的方式被检测出。

新技术的出现使得我们可以持续监测身体活动、生理参数等。这项技术主要是通过可穿戴设备(有时称为传感器或"追踪器",例如智能手表和腕带等)来实现的。这些设备可持续记录一个人的日常活动和体育锻炼(如步行、骑行、跑步等)、心率、皮肤温度、睡眠和精神压力(通常测量出汗引起的皮肤电导)等数值。还有其他许多便携式设备可以以间断的方式测量重要的生理参数,如心电图、氧合血红蛋白水平、脂肪含量和体重等。市场上有数百种这样的设备,以及可以下载到智能手机上的免费应用程序(部分列表分别如表 15.1 和图 15.1所示)。这些生活记录设备普遍不贵,大部分都可以高频率拍摄照片

(例如每隔几秒钟拍摄一张),从而以高分辨率的图片方式记录我们的活动。市场上甚至还有类似设备可以用来检测宠物状况。这些不同的设备(如智能手表),在一天内可以对一个人进行超过百万次的跟踪检测。

表 15.1 “追踪器”示例表

参数	设备或应用程序(APP)
体育锻炼(如步行、骑行、跑步等)	Moves, Basis, Fitbit, Jawbone, Apple Watch
心率	Apple Watch, Basis, Scanadu
皮肤温度	Basis, Scanadu
皮肤电反应	Basis
睡眠质量	Basis, Beddit, SleepyTime
氧合血红蛋白	Scanadu, iHealth
血压	Qardio, Scanadu
血糖	Dexcom
热量/营养日志	MyFitnessPal, Cron-o-meter
体重、体重指数(BMI)、体脂率	Withings, QardioBase
活动摄影(色彩传感器和被动红外传感器)	Autographer
全球定位系统(GPS)	Moves
心电图	QardioCore, Scanadu, iHealth
心情	Muse, Emotiv, Melon Headband
肌肉力量	Athos, OmSignal

续表

参数	设备或应用程序(APP)
脂肪含量	Skulpt
辐射暴露	RadTarge Ⅱ

注:现在有数以百计的可穿戴设备或“传感器”可用来持续监测我们的身体活动、生理参数等。

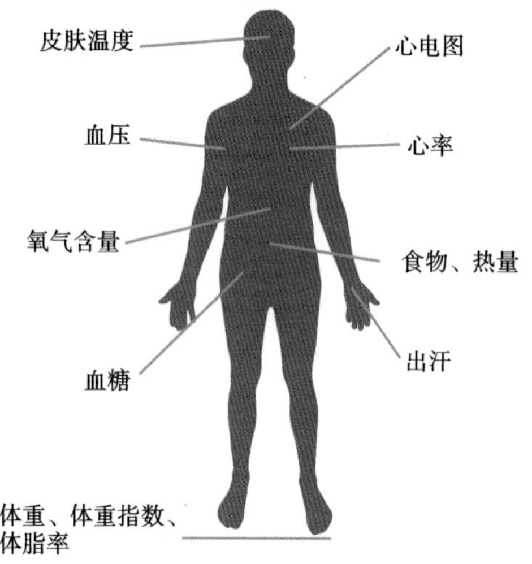

图 15.1 可穿戴设备可用于连续或定期记录人体的生理情况和活动情况等。

有些设备(如智能手表)很有可能将成为大多数人都会使用的标准设备。这些设备很快就可以成为向人们提前预警身体不良状况的设备,例如,预示着心脏问题的心电图异常等。即使是常见的疾病也可能提前警示。例如,长时间心率加快,皮肤温度升高,出汗增多,食欲下降,当这些都同时发生时,可能意味着早期病原体感染,这些通常是在人们觉察到之前就已经发生了。

最近,又有新的设备被发明出来,可以持续测量重要的体内生物分子(也称为生物分析物)。现在已经有了可以测量体内葡萄糖水平的隐形眼镜和皮肤附属装置。今后会有更多设备被发明出来以持续跟踪更多的生物分子,这些设备的出现只是时间早晚问题。在未来,这些设备可以是个性化的,专门监测对个体来说至关重要的关键生物分子。这一切,再加上已经开发出来的监测和控制心跳的侵入性设备,以及那些可以拍摄和分析我们食物的设备,都带领着我们逐步走向一个全新的仿生世界。在这个世界里,我们将拥有各种各样的机械设备随时为我们服务,这些设备可以不间断地为我们测量多种健康指数,这对我们非常重要。

个人如何接触和利用这些信息呢?

几乎所有这些设备都可以将信息直接传输到智能手机上。因此,智能手机将很快成为管理健康状态的信息控制终端。智能手机对这些信息进行处理,然后以多种方式实时反馈给用户。其中包括日常活动提醒、周总结和月总结，以及当高于某项活动（如长跑）个人最好成绩时的正反馈，和低于个人最差成绩时的负反馈。生物分析设备特别有趣，因为它们能让人们准确地看到他们对特定食物的反应。对某一个特定的人，如果可以很方便追踪和标记他在进食香蕉或其他食物时体内的葡萄糖迅速增加，那么今后这个人就知道要尽量避免吃这种食物或减少这种食物的摄入量。智能手机将以这种方式成为更有价值的个人用品，甚至影响我们生活的方方面面。

这些传感器和信息系统的数量将远远超出生理参数本身。例如，目前各大公司正在大力开发应用程序和项目，通过人们阅读通信信息（例如电子邮件）和进行其他活动（互联网浏览）的行为，来监测他们是否有抑郁或焦虑等心理状态，并以此帮助双相情感障碍和精神分裂症等疾病的早期诊断。测量幼儿行为的信息系统可能在幼儿早期就可以发现自闭症，并帮助进行早期干预——目前在这方面已有一些研究者在尝试利用视频进行信息记录。这些行为活动的信息与其他类型的遗传和分子信息相结合，将对个体健康的积极管理极具价值。这类信息的获得将使得医学从管理和治疗疾病转向疾病风险的预测和早期发现，从而使个体在疾病完全发生之前尽可能保持健康状态。

16　大数据与医疗

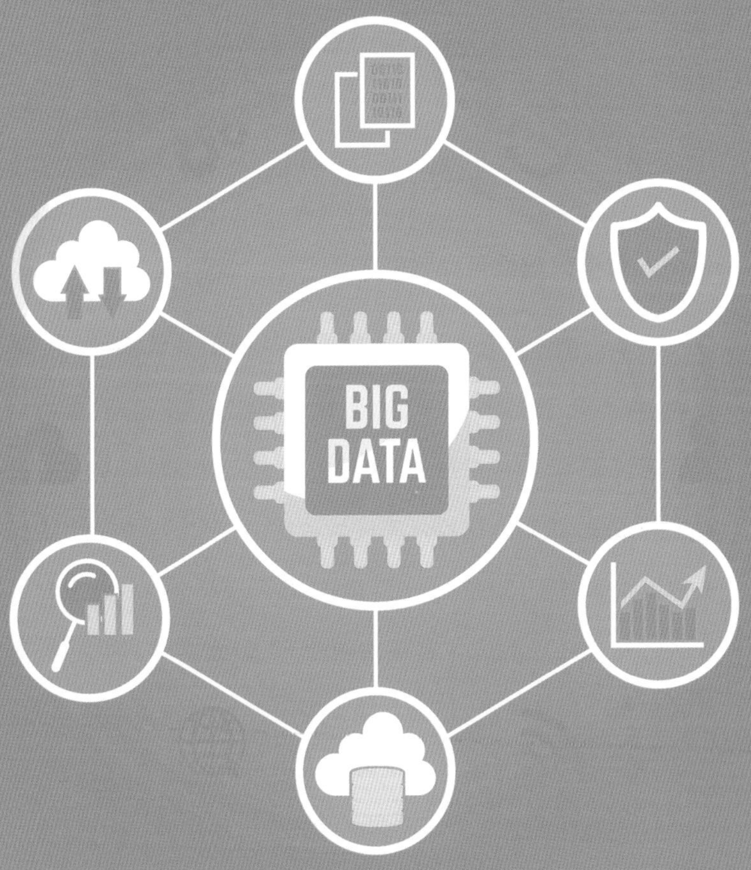

“在有数据之前就给出理论是大错特错的。人们往往在不知不觉中开始扭曲事实来适应理论，而不是改变理论来适应事实。”

——阿瑟·柯南·道尔(Arthur Conan Doyle)

《波希米亚丑闻》

一个人有多少数据可以收集?

从单个个体综合收集个人组学和其他相关数据，例如，基因组、转录组、蛋白质组、代谢组、微生物组，以及运动、生物分子和环境暴露信息，再加上 PET(正电子发射断层成像)扫描、磁共振成像、放射透视照片等成像数据，将产生与单个个体相关联的海量数据(如图 16.1 所示)。这到底是多少信息呢? 一个人的基因组序列通常需要大约 0.5TB(太字节)的空间，而其他的分子组学信息，根据具体类型不同可以多达几太字节。因此，在一个人一生中的多个时间点进行数据采集，可以很容易地得到数百太字节的数据。成像数据可能要大得多，这使得整体数据量变得更大。因此，围绕一个人快速生成数百太字节的信息是完全可行的。虽然通过丢弃原始数据或只简单保存

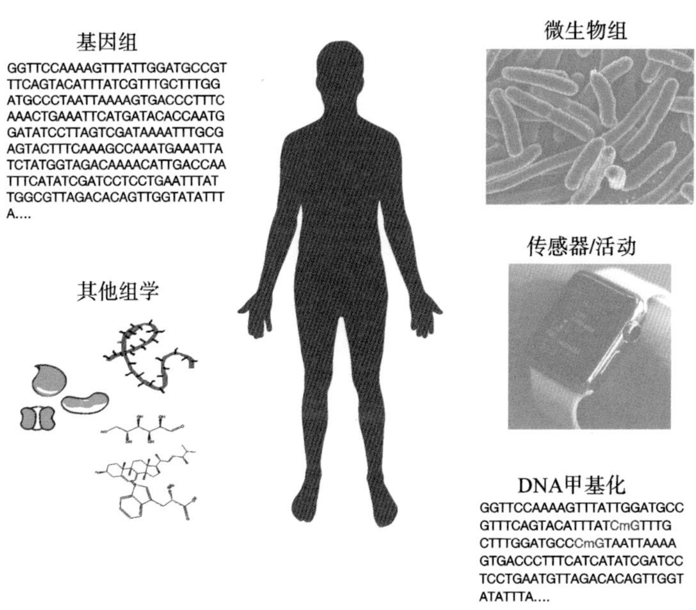

图 16.1　每个人都有大量信息可以收集，其中包括个人基因组、微生物组和其他组学信息和可穿戴设备获得的信息等。个人和医生都需要知道如何使用这些数据。

数据摘要可以减少数据量，但这可能是一个巨大的错误，至少在短期内如此。因为新的算法不断被开发出来，这些新算法可以改进分析，可以从那些原始数据中提取更多信息。在个性化医疗的最初发展阶段，个人的原始数据可能会被频繁地重复分析，以不断完善我们对其个人健康信息的理解。

一群人有多少数据可以收集?

我们即将进入一个新世界。在这个世界里,数以百万计的人将他们的基因组进行测序,并将基因组数据与电子健康记录关联起来。这些信息,再加上其他类型的信息,如分子信息、生理信息、身体活动、环境信息等,将产生大型数据库。在这些数据库中,遗传因素、疾病状况、药物反应和分子信息等,都将被联系在一起。所有这一切,将有助于发现遗传风险与分子生物标记物、疾病和药物反应之间的新的联系。

构建此类数据库面临的最大挑战是如何以一种易于共享的格式来收集信息。医学信息高度异质化,许多不同的术语可以指代相同的情况。例如,为了测量血液凝结的能力,在 20 世纪 30 年代,人们发明了一种检测方法,叫作凝血酶原时间。然而,用于进行这种检测的试剂差异很大。在用来校准不同实验室测量值的国际标准化比率被定义出来之前,不同实验室报告的凝血酶原时间无法直接进行比较。同样,即使是像血压这样的常见参数,也可以通过不同的方式(例如非侵入性的袖带或侵入性的动脉导管等)进行采集。采集方式的差异可能导致不同的血压数值。因此,将数据纳入一种通用的标准化格式非常重要。这些数据格式中应包含尽可能多的测量方式的具体信息,也只有这样才能进行有意义的比较。

构建这些数据库的另一个挑战是隐私问题。由于可能包含大量隐私问题,这些信息可能难以共享(稍后讨论)。因此,更好的方式不是将所有的医疗数据汇总到几个大型数据库中,而是将它们存放到各个独立的数据存储站点,再使用软件算法逐个访问独立数据站点来提取有用的信息。

大型数据库如何助力医疗服务?

对于大多数疾病,医生会根据他们的经验和最可能的推测来给出合理的治疗方案。通常来说,标准化的治疗指南一般只适用于有限的几种疾病。在大多数时候,对于何种治疗方案会导致什么样的治疗结果,医生们并没有准确的信息。

大量数据的汇聚和共享的优势催生了一种全新的医疗模式。在这种模式下,健康信息可以实时访问,个人健康管理也可以以远超以前的更精确的、定量的方式进行(如图 16.2 所

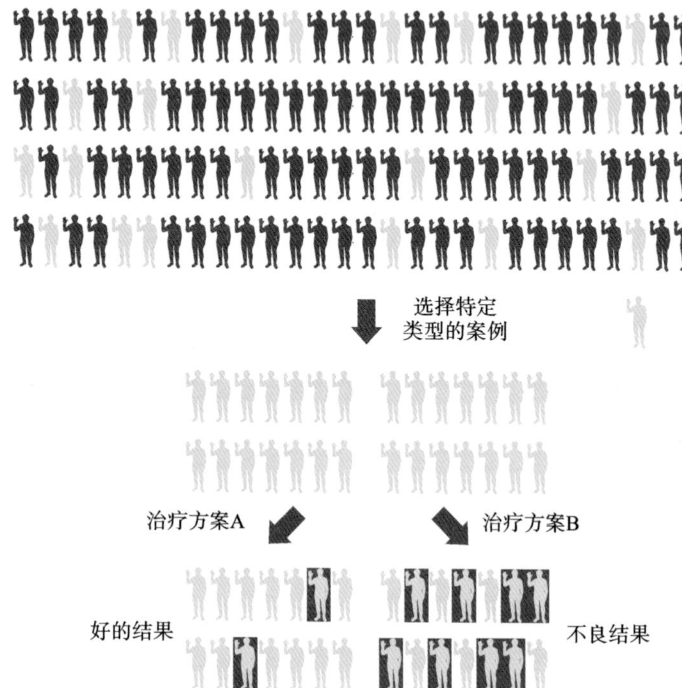

图 16.2 可以搜索数据库以查找与感兴趣案例(浅色个体)相似的案例。通过检查他们的治疗方式和结果(加深红色背景框的表示不良结果),医生可以确定最佳的治疗模式。

示)。如果某个人患上了某种疾病,例如,一种与特定的基因突变和分子特征相关的癌症,那么在原则上,应该存在某种算法,这个算法可以搜索到所有其他携带相同突变基因且患有相同疾病的患者(理想情况下基因和分子特征完全相同),获知其治疗方法和治疗结果。在这种方式下,治疗可以由数据驱动,而不是靠直觉,这将催生一个“数据驱动医疗”的新时代。此外,每个接受治疗的人表现出来的特定反应还可以被添加到这个随时更新的“活数据库”中,从而为未来的患者提供更准确的信息。所有这一切,依赖于一种通用的数据格式和信息共享方式。这些主题将在后续章节详细讨论。

需要注意的是,这种“活数据库”模式(观察数据是在临床上收集和利用的)与目前用于临床药物的审查方式差异巨大(如图 16.3 所示)。目前,在随机试验中,一组患者会被提供受试药物,另一组患者则被提供安慰剂,再过一段时间以后进行结果的收集和分析。这些试验费用昂贵,速度缓慢,一般花费数亿美元,需要数年时间才能完成。相比之下,收集已经存在的成批数据的成本要低得多,并且可以在几天或几周内完成。同时,实验结果也可以更加精确。例如,它可以挑选具有相同种族或遗传背景和相同地理位置的个人,集中对这个群体进行研究。当然,人们需要纠正任何潜在的偏差,但总体来说,“一个患者贡献可供研究的信息,进而可以帮助下一个患者”这一概念的提出,将实现医学实践的模式转变。

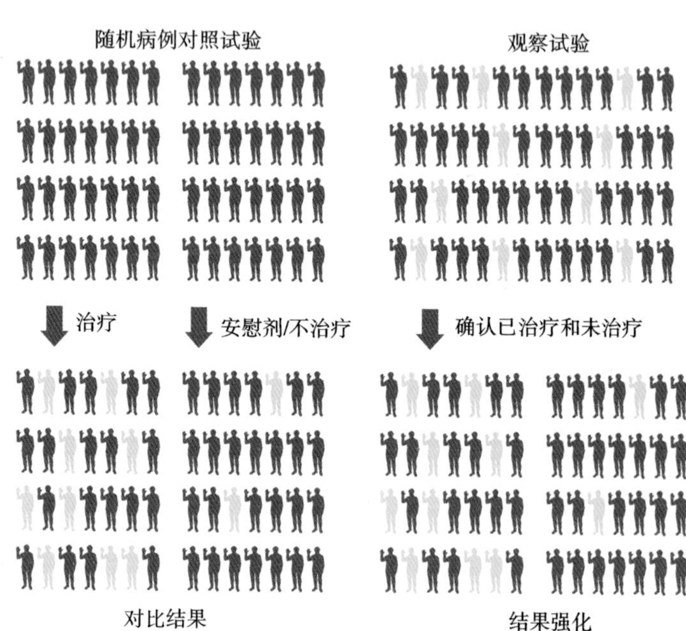

图 16.3 目前，治疗方法是通过随机试验进行评估的。在这些试验中，一些患者接受治疗，另一些患者则不接受治疗。这是一个缓慢而昂贵的过程。通过搜索与感兴趣病例相似的数据库，可以根据已有的证据快速推断接受治疗的患者的结果并做出临床决定。

大数据如何指导人们的生活决策？

除了上文提到的针对具体疾病的直接治疗方式外，大数据信息还可用于在疾病发生之前管理个人的健康状况。这有可能将医学的重点从“针对具体症状和疾病的对应治疗”转变为“疾病的风险预测和管理或疾病的早期诊断”。随着越来越多的基因变化与人类疾病之间的相关性被发现，这种信息将变得司空见惯。例如，携带乳腺癌基因突变的个体将接受更高频率的筛查或直接接受手术（已经有案例），而携带 *MODY* 基因和心肌病基因突变的个体将分别对胰岛素水平和心脏功能缺陷进行监测和相应管理。当我们更深入了解环境因素对健康的影响之后，我们的生活方式甚至职业选择都会依据环境因素进行改变。例如，帕金森病被发现与农药有关，因此，如果根据 DNA 序列或其他标记预测某些人患帕金森病的概率更大，那么那些需要接触农药的工作就可能不应该雇用这些人，在他们的绿化环境中也应该更少使用农药。

大数据医疗行业中有哪些机会？

能够管理海量数据并从海量数据中提取有价值信息的行业将获得巨大的机会。这些工作机会包括能对复杂健康数据进行处理、集成和可视化的数据科学家，以及能开发新的健康应用程序的软件开发人员和工程师。

17　传递基因组信息

“随着与患者护理相关的基因组应用越来越多，医疗实践的现状与潜在的变革方法之间产生了内在的紧张关系。”(《美国医学协会杂志》,2013 年)

谁控制了我们的基因组和其他健康信息?

谁控制了我们的基因组和其他健康信息? 哪些信息可以被传递以及如何传递? 这些都是重要的问题。显而易见，控制基因组信息的人是我们自己。我们的 DNA 序列是自己的，我们有权拥有它们。然而，这一概念的实施并不像人们想象的那样简单。我们想要的信息是什么，如何反馈这些信息等问题都需要认真考虑。我们希望将所有的信息都反馈给我们，还是希望仅反馈那些可用的信息? 我们对“可用的”的定义是什么? 如果不确定预测的准确性怎么办?

你想知道自己是否携带高风险的“亨廷顿舞蹈症”的疾病突变吗? 这可能是一个许多人认为基因组信息无用的例子。诚然，如果你携带这种基因变异，那么患上这种进行性神经系统(最终是致命的)疾病的概率是极高的。但是，这种疾病目前没有任何治疗方法，也就是说，人们无法采取任何治疗方法或通过改变生活方式等来避免或减轻这种疾病的伤害。因此，可以说这些基因信息在医学上不会对你有很明显的帮助。然而，有些人可能会争辩说，这些基因信息仍然是有用的，因为我们可能会根据基因信息做出不同的人生选择。当然，可用信息的例子也有很多，包括患乳腺癌风险的概率（如 *BRCA1* 和 *BRCA2* 基因信息）或血色素沉着病的风险等位基因等。携带这些基因突变的人应该接受疾病监测，因为已有治疗方法可以减轻甚至治愈这些疾病。当然，最终接受任何遗传和医学相关信息的决定权应该属于患者。

谁来把基因组信息传递给我们？

人们可能不知道将从自己的基因组序列中得到的确切信息到底是什么，因此，他们通常会从基因咨询师或具有类似专业知识的人那里进行了解。理想的情况是，专业人士在一开始就会告知那些潜在的受试者，对他们的基因组进行测序意味着什么，然后在结果反馈给他们之前再进行一次讲解，以防出现新的问题。这样，受试者就有时间思考基因组测序的新发现对他们的生活可能带来什么样的影响，以及这对他们的家庭意味着什么。

就受试者个人基因组测序的结果而言，可能出现的情况包括：(1)受试者患上某些已有或暂时还没有治疗方案的疾病的风险很高；(2)受试者很可能是某些遗传疾病的携带者，他们的一个基因拷贝发生了突变，但另一个没有问题，如此一来就会发现他们的子女会有患病的极大风险；(3)受试者的祖先或出身并非他们想的那样。此时受试者应该被告知：(1)基因组测序不是100%准确的；(2)不同的基因组测序提供者可能会报告不同类型的结果，其中一些基因组测序提供者只愿意报告已经明确会引起疾病的基因变异，而另一些基因组测序提供者则愿意报告所有可能被预测为有害的基因变异，即使这些基因变异还缺乏引起疾病的明确证据。另外，基因组测序提供者常常还会根据患者的病史或家族史反馈其他特定信息。

作为一般规则，我认为，基因组测序提供者在递送报告之前与受试者个人进行交谈是有益的。这是为了准确了解他们想要获得的信息的类型，然后测序提供者就可以相应地调整报告中的信息。而一些专家认为，受试者往往不了解收到这些信息的后果，而很多信息可能会超出受试者的期待，这往往被证明是有害的。尽管如此，许多人认为，根本的决定权在于受试者,而非咨询师、医生或政府。此外,如果受试者有权知道他们的家族史和其他医学检查的结果,那么基因组测序会有什么不同吗?

医生的角色是什么?

基因组测序和诠释远远超出了大多数医生的专业知识,而一般来说,医生不可能开出他们不懂的处方。在未来,医生需要在这一领域接受一些常规培训,以了解基础知识(详见第20章)。此外,已经接受过基因组测序的人可能会向他们询问相关问题,遇到这一情况时,医生应该知道如何回应。即使医生有这样的专业知识,他们也不太可能有时间在一次典型的体检访问中对基因组序列信息进行任何有意义的解释。

实际上,与相关专业领域一样,专家需要检查基因组测序结果并撰写报告。理想的情况下,专家应该了解受试者的家族史和医疗状况,并与医生合作,提供尽可能好的解释和反馈。重要的是,他们可以讨论可能进行的后续测试,以及根据基因组测序结果可能需要咨询的其他专家。例如,如果基因组测序发现受试者携带一种新的、可能提示肥厚型心肌病缺陷的基因变异,此时受试者应该配合心脏病专家进行进一步的研究。在这种情况下,医生更多的是帮助协调而不是指示受试者的健康护理。这些都是已经发生过的案例,但随着基因组信息使用的普及以及由此带来的疾病风险的早期发现,这种情况将变得更加普遍。

基因组测序报告可能将变得非常结构化,医生将像对待其他医疗测试结果一样对待基因组测序报告。典型健康者的基因组测序报告的一个独特之处是,这份报告会囊括非常广泛的关于受试者个人健康方面的各种发现(如各种药物敏感性、疾病高风险变异和携带变异等)。经过适当的培训,医生可以处理这方面的大部分问题,但这可能需要我们对培训医生的教育方式做出相当大的改变。很有可能在未来,所有的遗传咨询师都将接受基因组学方面的强化培训,并成为基因组咨询师。

直接面向消费者的基因组测序的含义是什么?

对于自己的DNA,患者难道不应该能够方便而直接地获得相关数据吗?基于如前所述的原因,以负责任的方式传递基因组信息是很重要的。许多专家认为,这只能通过专家的现场咨询来实现。然而,通过网络课程对人们进行远程教育也应该是可行的,这些网络课程类似于许多机构要求的关于性骚扰或与人打交道等重要主题的培训课程。这样的"基因组测序解析"培训课程,可能会根据具体的教育内容向受试者提供评估能力测验,以及提供问卷以了解受试者希望获知的基因组信息水平等信息。

如果一个人为了作弊,让其他人代替他参加培训课程,该怎么办?答案是显而易见的:这个人需要自己承担他所收到的基因组信息的后果,即使这些信息不是他想得到的。随着国家针对隐私保护方面的各种新举措的出台,比如可以对登录电脑或网站的人进行生物识别扫描等,在不久的将来,就很难再出现这种作弊行为。

18 伦理学

我们的基因信息能被用来对付我们自己吗?

在美国,有一项相对较新的法律为《反基因歧视法》(Genetic Information Nondiscrimination Act,GINA),用于防止基于基因信息的医疗保险和就业歧视。然而,这项法律有其局限性,并没有保护个人在生活中和长期残疾保险方面不受基于其 DNA 序列的歧视。大多数发达国家都有最低限度的社会化医疗保健,从而保证居民能够获得许多基本服务。在这些国家,歧视不那么令人担心,至少从财务方面来说是这样。

实际上,在医疗保健或就业方面是否真的会发生基于基因信息的歧视仍有待观察。这一领域还很新,而且接受过基因组测序的人相对较少。我们不知道有哪些歧视行为是严格基于基因组序列发生的。然而,可能的情况是,具有某些疾病的高风险等位基因的人可能会受到不同的对待和接受不同的治疗。例如,知道某人有患痴呆的风险可能会导致人们认为他容易健忘,尤其是在他年长之后更是如此。虽然这种情况很可能会出现,但值得注意的是:(1)每个人都有患某些疾病的风险,并不存在完美的基因组;(2)人们提供自己的家族史,作为日常医疗护理的一部分,这类信息已可供保险公司使用。因此,我们都可能会受到一些歧视。令人遗憾的是,目前针对种族、民族、性别、性取向等的个人歧视都是可能存在的,也许 DNA 也将会被添加到这个列表中。

常规(甚至强制)基因筛查有哪些问题?

将基因组测序引入医疗保健有许多重要意义。就产前诊断和早期诊断而言,基因组测序可能被证明对某些疾病易感性的早期诊断有用,因此可能会被加入出生时进行的现有测试中。目前,大约有 30 个这样的常规测试。我们有充分理由认为,应该对所有的父母进行基因组测序或至少进行基因筛查。这些测序或筛查如果在怀孕的早期阶段进行(取决于父母的意愿和疾病的严重程度),则可能会导致提前终止妊娠,或者让父母提前知道孩子可能患有遗传疾病,并因此可以做出相应准备。

当未知效应的基因变异被发现并且疾病风险不确定时,情况就变得非常复杂。同样,对于与非疾病相关的情况,也存在终止妊娠的伦理问题,如性别、身高、智力、眼睛和头发颜色、运动能力和其他非健康相关特征。目前,这些特征大多数很难从基因组序列中预测,但在不久的将来,特别是当我们更好地理解这些特征的遗传效应和表观遗传效应时,预测能力可能会提高。这引起了人们对优生学的关注,即社会可能开始产生越来越多的"预筛"儿童,他们会因为在一些数量有限的遗传特征中展示出优势而被选中并生下来。

值得注意的是,一些携带了基因变异的儿童,他们携带的不是我们认为的致病变异,这些基因变异在某些情况下可能是有害的,而在另一些情况下则是有益的。例如,导致镰状细胞贫血的突变被认为有助于预防疟疾,而囊性纤维化突变被认为有助于减少结核病,*CCR5* 基因突变的个体不会感染人体免疫缺陷病毒(HIV)。也就是说,在一种情况下被视为疾病的东西在另一种情况下可能被证明是有益的。从物种的角度来看,消除所有疾病基因突变并创造一个更同质的群体,可能会减少目前在整个人类群体中存在的自然遗传变异(包括赋予病原体抗性的未知变异),从而使人类作为一个整体更容易受到病原体的影响。

父母是否有权获得子女的"非即时的"健康信息(即不是出生时或在出生后不久发生的疾病)?那些给还在子宫内或者刚

出生的婴儿进行基因组测序的父母,可能会过于担心潜在的风险,过度管理他们孩子的生活和健康,这些人被称作“直升机父母”[①]。另一方面,人们可以争辩说,如果能在孩子处于儿童时期时掌握有用的信息,对于孩子在症状出现之前预防或减轻疾病的影响是有很大价值的。例如,很明显,在自闭症儿童年幼时与他们互动是非常有益的。因此,隐瞒这类有用的信息可能会损害儿童的健康。

有什么可行的解决方案?

我们的观点是每个人都应该尽早进行基因组测序,最好是在一个人出生前并征得其父母同意之后进行。测序之后应将那些需要立即采取行动的信息(例如,如果不治疗可能对新生儿造成致命伤害的代谢紊乱)告知其父母,以帮助他们管理孩子的健康。其他可能最终对孩子(从而间接地对父母)有价值的并可稍后采取行动的信息,应在咨询父母后向孩子酌情告知。孩子有权在成年后获取自己的DNA,但同样要经过咨询。

---

① 直升机父母(helicopter parents),是国际上流行的一个新词语。某些急于“望子成龙”“望女成凤”的父母被称作“直升机父母”,因为他们就像直升机一样盘旋在孩子的上空,时时刻刻监控孩子的一举一动。——译者注

当然，父母和孩子也可以选择永远不检索他们的基因组序列和了解相关解读信息。此外，随着越来越多的人进行基因组测序，我们对基因组序列的解读水平也自然会不断提高。考虑到这一因素，我们应该相信，今后获得的基因组序列解读信息应该会越来越准确。

这种解决方案的一个优点是如果一名儿童的健康状况不佳，我们可以立即获得他的基因组，并有可能为治疗疾病或针对其治疗方案提供一些更有用的信息。例如，一种使人衰弱的神秘疾病发生时，我们可以迅速在儿童的基因组序列中寻找可能的线索，以便于更有针对性地治疗这一神秘的疾病，如第5章所述。在许多情况下，这有助于缩短漫长的诊断流程。

19 教育

本书的作者迈克尔·斯奈德和他80多岁、身体健康的母亲菲莉斯·斯奈德(Phyllis Snyder)都携带一种被认为会导致再生障碍性贫血的突变基因,但他们两人都没有患上这种疾病,这个例子说明了基因组学的局限性。

我们可以通过教育让人们理解基因组学吗?

有人认为,许多人无法理解遗传学和基因组学,因此很难将基因组信息告知他们。某些基因突变会使得格雷夫斯病的患病风险从0.1%增加到1%。那些携带这些突变的人们是否真的理解他们只有1%的概率患上这种疾病?我们相信,通过医护人员、遗传咨询师和患者之间的适当互动,患者可以而且应该了解遗传学和基因组学的一般概念。人们拥有获得这一信息的权利,就像他们有权生育子女一样。为了帮助患者了解相关信息,可通过在线会议或与咨询师面对面会话等形式让患者了解有关基因组测序的正确信息。

其实,我们发现大多数人都非常渴望了解这些信息。我们相信,普通人有能力理解遗传学的基本概念。鉴于遗传学是我们健康的基础,我们认为,这些知识也应该教给每一位高中生。

我们如何教医生理解基因组学?

医生们努力工作,为患者的最大利益服务。他们坚守着“不伤害”(do no harm)原则。目前,有些医生会认为基因和基因组信息是有害的,不应被用于健康人群的健康管理,这可能与大多数医生都没有接受过有关基因信息的培训有关。因此,他们中的许多人虽然很乐意与患者讨论家族史,但却不会谈论基因组学信息。

遗传学和基因组测序的技术、应用和价值这一领域的变化是如此之快,今后这必将成为医学院教育和医学继续教育的一部分内容。最重要的是,正如上面所提到的,大多数人确实渴望了解这些信息。据了解,某些基因信息公司已经有超过 90 万人的基因组测序样本,这说明,其中的许多人都曾向医生寻求过帮助,以解释基因组测序结果的意义,所以医生应该熟悉这一学科领域。

医疗保健提供者、保险公司和政策制定者也应该接受相关教育吗？ 他们的角色是什么？

医生并不是唯一需要了解基因组学和个性化医疗知识的群体。为了更好地提供服务，医疗保健公司、保险公司、政策制定者等都需要了解这些知识。这些团体中的每一个人都直接面对服务对象，他们应该提供更经济有效的服务。他们需要了解基因组测序在诊断、治疗疾病以及维护他们服务对象的身体健康方面的价值。因此，为了制定相应的指导方针，针对人们不同的健康状况进行适合的检测，了解这些服务的价值和相应的成本自然就是至关重要的。

20　隐私

我们仅凭基因组测序信息就可以识别出个人身份吗?

金融数据隐私的泄露可能会造成个人灾难,因此身份信息被盗是金融领域关注的一个重大问题。那么基因组信息也是关于个人隐私的一个重要关注点吗? 基因组测序可以揭示一个人的种族背景和其他个人信息,包括一个人的实际身份等。不久前的一项研究表明,根据一个欧洲人的一小段 DNA 信息就可以确定其出身来源的地理位置,并可精确到 200 千米以内。事实上,如果可以与其他公开信息相关联的话,我们就可以根据 DNA 信息直接识别个人身份。近年的一项研究表明,通过一些已公布的基因组序列信息,以及结合互联网上提供的其他公开信息,我们可以识别一些接受过基因组测序的人的个人身份。随着更多的基因组序列被公开使用,可识别身份的基因组序列的数量将大大增加。

这项研究提出了一种可能性,即可通过人们在公共场合留下的任何含有个人 DNA 的样本(如头发或皮肤)来进行身份识别,这正如指纹识别一样。事实上,据报道,一些犯罪分子就是通过犯罪现场留下的这类信息的痕迹而被辨认出来的。这也意味着,向他人透露基因信息的个人,可能因为这些信息与现有数据库中的某些信息匹配而被识别出身份。此外，一个人的基因信息可以用来检索疾病数据库（如阿尔茨海默病），检索的结果会显示他们自己或者其亲属目前是否在这些数据库中。因此，在许多情况下，我们可能需要加强对一些信息库信息的保护，比如那些公开提供的基因组序列信息，以及与个人基因组序列相关联的特定疾病信息。

最重要的是，人们在同意将个人基因组序列信息提供给这些疾病数据库之前，需要彻底了解可能产生的后果。同时，我们发现，大多数患者以及很多健康的人，在了解可能的选择及相关后果后，仍然希望分享他们的基因组序列相关信息，以帮助治疗疾病。

不仅基因组序列关乎个人隐私，其他含有个人独特标签的基因组学信息（如转录组、蛋白质组、代谢组及微生物组等）也可能在未来的某一天泄露个人身份。技术进展可能带来对人们隐私的重大侵犯。正如指纹识别，这些信息是否会被一些人用来进行罪恶勾当？我们需要对此予以重视。

基因组测序会影响个人的家庭成员吗？

如上所述，鉴于一个人的 DNA 一半来自母亲，另一半来自父亲,那么一个人的基因组信息将间接地揭示出其父母一部分的基因组信息。类似地,一个人与其兄弟姐妹(平均意义上来说)和亲生子女(这个是确切的)共享一半DNA,但是并不知道到底是哪一半。因此,一个人的基因组序列可能会提示其兄弟姐妹和孩子同样需要注意的事情,但并不保证他们含有相同的基因突变风险。这里的一个例外是同卵双胞胎,由于拥有相同的DNA(除了少量的新突变和体细胞突变),双胞胎之一的测序结果会同时揭示另一个的遗传风险。按照同样的思路,堂兄弟姐妹将共享1/8的DNA以及一些基因突变,这比他们与兄弟姐妹或孩子的共享部分要少。因此,堂兄弟姐妹可能有一些相同的疾病风险。但因为他们的共享DNA更少,他们的风险因素将会不同。通常,当一个家庭成员被测序后,他可能想要与其他近亲家庭成员(特别是父母、兄弟姐妹和孩子)讨论一些问题,如他们是否也想知道基因测序结果,以及是否应该进行后续检查。如果个人计划向公众公布这些数据,他应该与其他家庭成员事先进行讨论。

21 为个性化医疗买单

谁来为疾病治疗过程中的基因组测序买单？

虽然我们可以很容易地认定基因组测序是有益的，但实施基因组医学的最大障碍可能是：谁来买单？目前，许多保险公司会报销癌症患者以及未知疾病患者的基因组测序费用，特别是当基因组测序可能会为保险公司节省成本的时候，保险公司会更愿意为之买单。表 21.1 列出了 2010 年美国联邦医疗保险报销的部分昂贵药物，有些药物的报销金额高达 10 万美元或更多。癌症基因组测序或者靶向基因测序可以识别癌症基因突变，并准确预测患者对特定药物的反应，这种靶向治疗的精确程度可以证明基因组测序成本的合理性。同样，许多儿童患有原因不明的疾病，这可能会导致产生巨额的诊断和治疗费用。为了帮助发现可能导致基因突变的原因，保险公司愿意支付患病儿童的基因组测序费用，有时这项费用还包括对患病儿童父母和其他家庭成员的基因组测序费用。对相关基因的鉴定也可能发现现有这些疾病治疗药物的新用途，并可用于试验开发，用来筛选其他家庭成员以及具有类似症状的人。

表 21.1 2010 年美国联邦医疗保险报销的部分昂贵药物

	药物	治疗症状	费用(美元)
1	重组凝血因子Ⅷ	血友病 A	216833
2	曲前列素钠	肺动脉高压	130772
3	万他维	肺动脉高压	84205
4	米力农	急性失代偿性心力衰竭	62790
5	西妥昔单抗	癌症	25898
6	达克金	骨髓增生异常综合征	25858
7	赫赛汀	癌症	25797
8	维达扎	骨髓增生异常综合征	22957
9	醋酸奥曲肽	癌症和血管活性肠肽分泌腺瘤引起的肢端肥大症、腹泻和潮红	22748
10	硼替佐米	癌症	19667

注:在 2010 年,为了给医疗处方和"门诊病人"的药物(B 类药物)买单,美国联邦医疗保险报销了 195 亿美元。

基因组测序还处于起步阶段,在大多数情况下并没有充分证据证明基因组测序是有益的,因此,可能并不总是能够证明保险公司支付的款项是合理的。对于其他有严重健康问题的患者,如果他们患有的不是癌症或其他未确诊的儿童疾病,目前如果他们要在临床治疗中进行基因组测序,保险公司还不能为之买单。这些患者将不得不自掏腰包，或者寻找适合的研究人员帮助他们承担这类费用。

谁会为预防医学中的基因组测序买单？

有人可能会想，医疗服务提供者或保险公司应该付钱让健康人群进行基因组测序，因为有了这些信息，这些人可能会更好地管理他们的健康。然而目前来说，健康人群需要自己支付基因组测序费用，因为只有在极少数情况下才能证明基因组测序可以节约潜在的健康管理成本。目前在美国，付款人（保险公司）没有为基因组测序付费的动机，即使长期来看，这样做会节省总体成本，但他们目前还不会为之付费。一个主要原因是，在美国，个人通常通过他们的雇主获得医疗保险。个人可以更换工作，雇主也可以改变医疗保险计划。因此，当被保险人未来可能不继续目前的保险计划时，保险公司还要投入大量资金预防被保险人未来的疾病，这种做法可能对保险公司本身没有好处。

在那些实行社会化医疗的地区，比如加拿大、日本和欧洲各国等，预防性医疗基因组测序正在获得越来越多的关注。有一些大型基因组测序项目，如英国的“10 万基因组计划”(100000 Genomes Project)等已经启动，并将基因组测序纳入卫生保健体系。美国的“百万老兵项目”(Million Veteran Program)和近年宣布的精准医学计划(Precision Medicine Initiative)也有望实现这一目标。这些项目对于测试医疗服务的质量、结果以及成本等是否将受益于基因组测序技术极具价值。医疗保健提供者也可能与制药公司合作；制药公司帮助支付测序费用，作为交换，它们可以获得与开发新药物靶标或者现有药物的应用相关的医疗信息。格伊辛格卫生系统(Geisinger Health System)和再生元制药公司(Regeneron Pharmaceuticals Inc.)之间已经建立了这样的伙伴关系，以期对超过 10 万人进行基因组测序。

在基因组测序和其他组学技术得到广泛应用之前，医疗在许多方面更大程度上仍将是一种事后反应型的职业。比如人们主要是在疾病发生后寻求医疗建议，而不会使用信息来指导生活方式及帮助早期诊断来进行预防。

基因组测序会降低医疗费用吗?

在美国,每年许多患者因购买不适合的药物而会浪费数十万美元。那么把合适的药物用到合适的患者身上,不是可以省下一大笔钱吗?在某些领域,这个答案很可能是肯定的。在癌症领域,在治疗过程中给患者使用那些花费数十万美元的昂贵药物,如果这些药物没什么疗效,只会白白浪费患者的一大笔积蓄(有关美国联邦医疗保险提供的昂贵药物的例子,请见表21.1)。同样,如果我们能在患者心脏病发作或中风之前,发现他们有心脏或冠状动脉问题的话,这可能会大幅度减少这些不良事件的发生,并可能帮助他们过上更积极、更健康的生活——若放任不管的话,这些患者可能会走上需要长期医疗帮助的道路。弄清未诊断疾病的原因将帮助患者减少许多徒劳无益的测试和帮助他们缓解焦虑情绪。

在其他领域,基因组测序也许不太可能节省医疗总成本。大多数未诊断的疾病不是通过基因组测序来解决的,即使弄清楚了这些疾病的遗传机制,也无法找到治疗方法,还可能需要一套额外的后续检测。就预防医学而言,虽然我们预计大多数人会发现基因组测序对帮助他们管理自己的健康有价值，但它极有可能只会推迟不良事件的发生，从长远来看并不会最终节省总的医疗费用。尽早发现疾病，并帮助向对应的患者提供正确的药物，从这个意义上来说，我们期望整个基因组测序能通过尽早发现疾病来改善人们的健康管理，但这不一定能为整个医疗系统节省支出费用。在许多情况下，真正的节省来自医疗保健的质量。

人们会因为基因组信息而采取行动吗？

只有被进行基因组测序的人们根据测序信息采取行动，基因组测序才对预防医学有用。在许多情况下可能会发生如 *BRCA* 基因突变等情况。但对于其他许多情况（也许是大多数情况），是否采取行动是一个很关键的问题。例如，肥胖是许多疾病的重要风险因素，包括心肌梗死（心脏病发作）、糖尿病和癌症等。解决办法也众所周知，即控制饮食和加强运动等。然而大多数超重的人并不会做这两种事情中的任何一种。如果我们不及时采取行动，那么基因组测序怎么可能会带来更好的结果？

这些信息如果被忽略，则可能对预防医学没有任何帮助。然而，在一些情况下，人们也可能会在疾病出现之前就开始使用药物，正如有心脏问题的患者需要服用他汀类药物一样。同样，患者在发病前服用糖尿病药物（如二甲双胍）和阿尔茨海默病药物可能会更有效。就像家族史一样，基因组测序很有可能有助于疾病的早期发现以及更准确的诊断。因此，尽管对健康人群进行基因组测序花费合理性的证明是否充分还有待观察，但基因组测序确实很可能会产生一些深远影响。然而，随着基因组测序价格的不断下降，基因组测序的成本很可能不再是一个困扰人们的问题，那样基因组测序很可能会成为个人健康护理的常规部分。

22 个性化医疗的未来

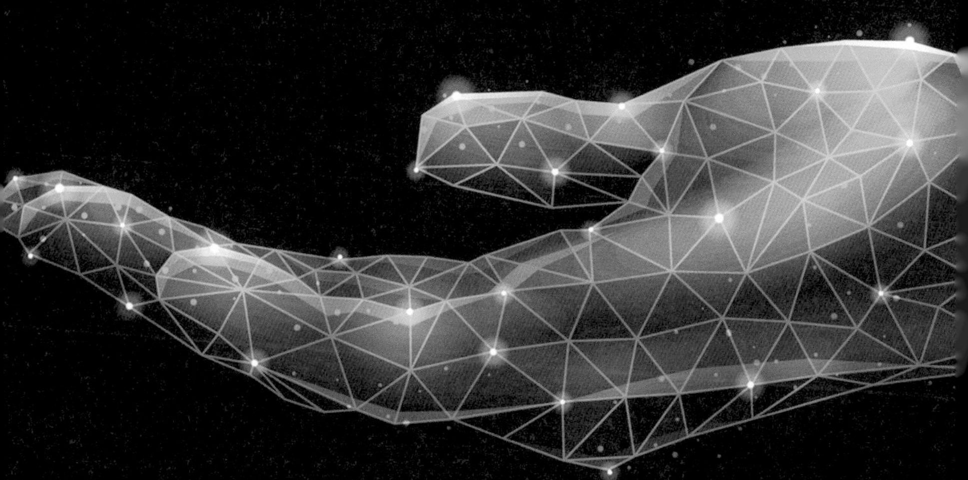

在个性化医疗领域还有哪些技术将会流行起来?

从基因组学收集的信息最终将与其他技术相结合,以进一步指导和管理人类健康。例如,现在我们可以从任何个体中构建多能干细胞。这些细胞可以无限生长,也可以(通过某些处理)转化为多种细胞类型。这些细胞可用于:(1)药物敏感性、副作用和疗效的试验预测结果;(2)通过细胞分析来确定疾病相关缺陷分析的可能性。例如,如果某些人被预测有潜在的心肌病,那么可以通过各种压力测试来检查这些人的分化后的心肌细胞,以寻找缺陷。此外,可以在特定个体的细胞类型中测试已知药物,观察它们是否可以改善个体缺陷。所有这些测试都可以在培养皿中进行,以确定细胞在疾病发生之前是否存在潜在缺陷。

未来世界会是怎样?

我们可以设想一下未来世界:到那时很多人会做基因组测序,并且很可能是在出生前就已经完成基因组测序;表观基因组和大量其他信息将被普遍用于预测、诊断和治疗疾病等(如图 22.1 所示)。然而,也许最重要的是,这些信息将被用来维持人们的健康。将来,世界上或许会有一个综合的信息系统,通过跟踪人们的活动、饮食和体内分子信息等来管理人们的健康。

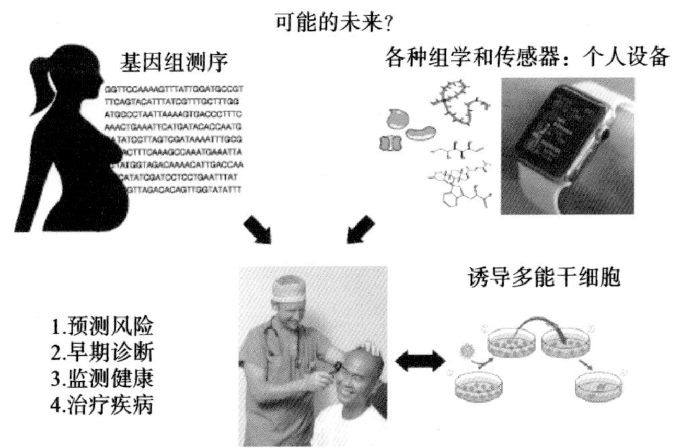

图 22.1 个性化医疗的可能未来。人们将在出生前确定他们的基因组序列。其他详细的测试将作为常规家庭测试项目进行。传感器将被用来连续或周期性地测量我们的活动和生理指标,所有这些信息将被用来帮助指导我们的健康护理。

图片来源:维基百科。

这些发展对医学的未来意味着什么?显然,我们目前需要确保今天正在接受培训的医学生,也就是未来的医生在基因组学和生物信息学方面接受良好的教育，以便他们今后能够以最佳方式将已有的信息应用到患者的护理中去。目前基于有限信息的医疗指南，在未来可能会被淘汰。未来，用于治疗特定疾病的算法可能会完全基于计算机，因为有关特定患者及其疾病的全面信息(包括基因组信息)将被输入系统，计算机将按照输入的数据帮助我们制订治疗计划。虽然许多信息仍将由医生来管理，但患者将有更多的信息管理权。总而言之，当今医疗实践中信息相对贫乏的系统在未来将被信息丰富的系统所取代，信息丰富的系统将更加准确且更具预测性。今后，患者将对其本人和孩子的医疗命运有更多的主动权，这一责任将从医生转移到患者自己身上。

延伸阅读

在线个性化医疗课程

斯坦福遗传学和基因组学证书计划

http://geneticscertificate.stanford.edu/.

概述

Topol,E. *The Patient Will See You Now*. Basic Books 2015 New York.

运动

Lippi G1,Longo UG,Maffulli N. Genetics and sports. *Br Med Bull*. 2010;93:27-47. doi:10.1093/bmb/ldp007.

药物基因组学

Evans WE, McLeod HL. Pharmacogenomics—Drug disposition, drug targets, and side effects. *N Engl J Med*. 2003;348: 538-549.

癌症和免疫疗法

Brahmer JR, Pardoll DM. Immune checkpoint inhibitors: making immunotherapy a reality for the treatment of lung cancer. *Cancer Immunol Res*. 2013;1;2:85-91.

详细的组学分析

Chen R, Mias GI, Li-Pook-Than J, Jiang L, *et al*. Personal omics profiling reveals dynamic molecular and medical phenotypes. *Cell* 2012;148:1293-307. PMID:22424236.